Listen to my Sh*t - 30 Unwritten Rules in the Workplace

聽我靠腰

職場30件潛規則！

職場不黑不叫職場，工作不累不叫工作，同事不賤不叫同事，老闆不摳除非你在說笑話！
我要加薪
摸魚第一
BOSS
……

永續圖書線上購物網　讀品文化事業有限公司

WWW.foreverbooks.com.tw　yungjiuh@ms45.hinet.net

宣洩系列　08

聽我靠腰：職場30件潛規則

作　　者　毒菇九賤
出 版 者　讀品文化事業有限公司
執行編輯　翁敏貴
美術編輯　林子凌

總 經 銷　永續圖書有限公司
TEL／(02)86473663
FAX／(02)86473660
劃撥帳號　18669219
地　　址　22103　新北市汐止區大同路三段 194 號 9 樓之 1
TEL／(02)86473663
FAX／(02)86473660
出 版 日　2014年03月

法律顧問　方圓法律事務所　涂成樞律師
CVS代理　美璟文化有限公司
TEL／(02)27239968
FAX／(02)27239668

國家圖書館出版品預行編目資料

聽我靠腰：職場30件潛規則 / 毒菇九賤 著.
-- 初版. -- 新北市 : 讀品文化, 民103.03
面 ;　公分. -- (宣洩 ; 8)
ISBN 978-986-5808-41-9(平裝)
1.職場成功法
494.35　103000691

Listen to my Shit: 30 Unwritten Rules in the Workplace

Contents

前言

日劇《半澤直樹》在日本和台灣造成轟動，主要是因爲這兩個國家都是以加班超時聞名的。尤其是日本的大男人主義爲重，光是聽說上班族被裁員以後，依舊每天穿著西裝帶著一抹幸福洋溢的微笑出門工作，背地裡卻走到便利商店買了一打啤酒一份報紙，坐在公園長椅上喝悶酒度過一天。下班時間到了，還不能準時進家門，非得裝出一副被上司依賴加班的疲憊模樣，然後在飯桌上胡亂抱怨著，煞有其事般。

姑且不論日本男人是不是都這樣，在台灣可就不能以單方面的模式去思考男人的動作，因爲雙薪家庭在台灣是很常見到的，所以這部日劇在女性當中也是很有話題性的作品。

在這其中，首先簡略的說明台灣目前勞工所得的概況：

（一）工作時間要多長就有多長，加班費能避免的就想辦法弄個責任制糊弄過去。

（二）基本薪資能二十二K就二十二K，不做拉倒，後面一堆人等著補進來。

（三）萬物皆漲，只有薪水不漲。

（四）貧富差距大；房價永遠只有炒房客買得起。

（五）政客口水不斷、黑道治國、行賄買官、各個工程貪汙弊案頻傳，都是製造社會亂象來源之一。

當然，還有許多影響台灣經濟的原因不勝枚舉，一一指出的話，除了氣死讀者外，本人也會腦溢血加上心臟衰竭而亡。套個《半》片某個橋段的內容：

「現在不是追究看不出假帳是誰該負責的時候，而是要想辦法追回那五億元才是現在該做的！」

對！沒錯！不是每個人都有機會當總統救國家，而是可以從小地方改變——那就是職場。

身為人，只要是有手有腳有大腦，就是要工作；而工作不單單只是為了錢，有時候也是理想抱負的跳板。當然各行各業就有各種英雄好漢、牛鬼蛇神集聚一起，不免有任何磨擦，但是明槍易躲，暗箭難防，就怕上司、同事有心弄你，就算再怎麼防範未然，也終究抵擋不了人性的攻擊。所以，就要像半澤直樹一樣，勇敢展現逆反心態，永不向惡勢力和權力低頭！讓我們狠狠的在職場上發揮加倍奉還的本性吧！

01. 進公司前，人人都有初衷

《半澤直樹》中最讓人印象深刻，就是他以報答大阪中央銀行起頭開始，原本以爲只是個報恩往上爬的肥皂劇；沒想到畫面一轉，竟出現主角是多麼地痛恨這家銀行的內心戲：因爲前產業中央銀行不肯融資給主角父親的事，讓他目睹父親在自家螺絲工廠自殺的悲劇。

但是，故事畢竟只是故事，這麼勵志的橋段不是每個人都能體會的到。大家選擇不是自行創業而是進公司上班，不外乎就是爲了賺錢升官養家餬口；不收分毫，不求職位立志爲公司榨乾心力的人，我敢保證絕對沒有這種笨蛋！

在大家都不是這種笨蛋的基礎下，人人都想往上爬，人人都想有功練，所以在這個競爭行列下，有些人靠真材實料站穩腳步；有些人靠心機算計巴著上司不放；有些人既不鬥也不拚的撿骨心態；有些人乾脆坐享諾貝爾和平獎的美名；有些人拉幫結派搞的像梁山水滸一樣……

但是不管怎麼做，這都是每個人對職場的規劃和對人處世的態度，只是隨著年資增長，職位晉升，很多人早已經忘了進公司前的初衷，如同「換了位置也換了腦袋」一樣，好相處的人變得難以接近，不玩心機的人也變得城府高深，這就是權力會使人腐敗一樣的道理，所以才會讓《半》片迅速在日本和台灣職場上刮起一陣旋風，而且是一面倒的認同這部片……可見奴性堅強的台灣人開始發現自己有時也要跳出來反抗一下，而不是當個待宰的小羔羊般任人啃食。

先不說公司同事的勾心鬥角、上司的利益杯葛，而是來談談朋友們分散在各種公司上班的心情寫照：

（一）A君，微胖，身長不高也沒有金城武的外表，更別說擁有堺雅人的那種霸氣，總之，只是個唯命事從的狗奴才。第一天到印刷廠上班他就開始展現出本性，首先跑去謝謝老闆還是面試主官給予的工作機會、直誇同事長官們很好相處之類的馬屁廢話，殊不知職場的殘酷和人心的險惡。

一個禮拜後，A君還有好話可說，一個月後就開始幹譙聲不斷，三個月後乾脆辭職不幹。總結：一進公司就擺最低姿態，不就是間接要人踩上去嗎？同事們都很慶幸來的新人不是絆腳石而是墊腳石，一有藉口就找機會把自己做不完的工作丟給他，然後跑腿買東西找他準沒錯，搞到正事做不完還要留下來加班，該死的還是責任制的工作，就這樣活生生當了公司三個月的廉價傭人……

（二）B君，很胖，身長短小卻擁有金城武——大郎的外表，帶著憨厚的談吐卻跑去學人拉保險，想跟明星業務員一樣月入百萬開名車，交名模女友，然後工作範圍卻侷限於小小的生活圈，專找自己人下手、可以魯小小（台語）整天的那種損友。

「X！你他媽的別老是找我推什麼儲蓄壽險、三合一醫療險，七早八早一接電話就沒好事……」以上是我跟B君的日常對話，大家是不是覺得感觸良多啊？

（三）C君

（三）C君，中等身材，長相沒有堺雅人的霸氣，卻有超級賽亞人變身時的結屎臉，一天到晚沒事跑來分享誰的成功經驗，不然就是做些莫名其妙產品示範，「你看！這衣服黏到口香糖對不對？只要用我手上這一瓶噴一下，然後放到冰箱一個小時，保證衣服完好無缺！」、「你看我手上的濾心多麼神奇，他可以幫你過濾生水裡百分之九十九的雜質，你要不要拿家中現有的東西測試一下……」

我可以跟你說先別管這些產品到底實不實用，重點是誰家有那麼多口香糖屍體給你踩到沾到？神奇濾心有那麼神奇的話，人的排泄物是不是都可以拿來回收再利用？更別說C君推銷那些商品的價格是一般市價的三、四倍，像我這種都只能臥冰求魚、囊螢積雪的窮酸人家根本買不起。當然，C君的下場比B君還慘，除了朋友沒了，還被上線（直銷公司所稱的上司）拜託先偷偷花錢買東西存貨衝業績，下個月的業績再想辦法，最後搞到三餐不濟之下住進醫院……

大家看到這裡，是不是會覺得我這三個朋友只是在台灣非常普遍的職業，根本與此章提到進公司的初衷沒什麼太大關係，如果是這樣想的話就大錯特錯了！不是非得要穿西裝、打卡上班還是坐辦公桌才算進公司，只要你有勞動到、得到非自己存摺領出來的錢，都算是工作賺錢的一環。爲了存錢買車買房、交男女朋友、買奢侈品、幫家人減輕負擔、還就學貸款、買夢想……等等之類的原因，不管那理由是不是那麼地主動還是被動，如果這不是初衷，那什麼才是初衷呢？我繼續爲這三個人擬定解決的方法：

（一）A君，他沒有強大的慾望，有的只有在一家公司做出成績，讓家人

原本看不起他的心情轉而引以爲傲，所以他想穩紮穩打的往上爬，只是他用的方法太軟弱，方針一旦錯誤，必定讓有心人有機可乘。A君他能改變的，就是展現出他的工作理解能力，工作達成度越高，就越得主管信任，才不會被同事當成沒事做的閒置人員派去跑腿；如果認爲剛進公司的菜鳥就是要處處忍氣吞聲的話，那就硬起來勇敢向不是工作範圍的鎖事說「不」，試著反駁看看才會改變懦弱的現狀。

（二）B君，如同稍早所說，就是夢想賺大錢開名車娶名模。但是臉皮太薄的關係，連陌生族群都不敢去開發，導致他的窗口永遠都侷限於身邊周遭這些窮光蛋，所以怎麼做也做不出成績。B君需要的是膽量，但說起來簡單做起來卻非常困難，勇氣不是與生俱來的，而是練出來的！我以前還在當米蟲志願役的時候，揹值星帶部隊已練出一身是膽，所以知道從膽小怕事到臉皮深厚這段蛻變成蝶的痛苦過程，當然也不是每個人都有這種機會和際遇，所以能在後天補強的就只剩臉皮深度。不如找個機會去麥當勞跳一下大麥克舞也是一種成長的好選擇，若怕強度太強，可以到西門町街道口高聲唱歌，這都是不負責任練膽量的好地方……最有效的辦法就是「克服自己怕拒絕的障礙」，有開口就有機會。

（三）C君，我只能說直銷公司有好有壞，因爲通常只要是直銷公司都不會稱自己是直銷系統，而是要強調自己是合法、天然、有未來展望性的公司行號等等……只要你秉著良心賣東西，就算單價貴了點，有用處、有功效的物品自然會有人來買，而不是邊賣東西還要給對方洗腦加入會員，然後要求之後不合理的舉動，對有理性的人來說，那已經不是爲人著想的地步，而是「騙」！

當然，如同剛才我所說的，要解決人們對直銷這行業的迷思，要的就是誠實、直率，管你在公司裡是什麼大使、鑽石、藍寶石、綠寶石的職位，那都不重要，畏首畏尾背著公司學到的華麗名詞包裝直銷產品，只會讓你推銷碰壁。大膽的說自己是直銷公司沒有很難，還會給人一種開門見山的感覺和誠懇，我敢這樣對此種職業的人保證，只要東西是合法的、有功效絕不誇大，再加上推銷員誠實的闡述產品功能性，只要是人，都會給情面坐下來好好商談；但是單純抱持著「只要業績賺錢」選擇拐彎抹角的業務手法，到時候切入主題揭穿面具後，只會換來一翻兩瞪眼，最後不歡而散的結果出現。

加倍奉還法則：

不管大家是因為某種原因而選擇了現在的行業，只要能夠找到讓自己持之以恆，心甘情願做下去的工作，就不用在乎能不能賺大錢、鬥的死去活來才能得到響亮的職位。

當然……薪水也要適時的調漲啊，你們這群吸取台灣勞力的混蛋老闆們！

（我可是擺出了半澤要大和田跪下來道歉的耍狠表情，來訴說這一句話喔……）

02. 揹黑鍋，就決定是你了！

《半澤直樹》爲什麼那麼好看？就在於他想盡辦法爬到高處復仇，但是除了憤怒以外就可以做到課長的職位嗎？這答案當然是完全不可能的！沒有對自己職業感到認可的人，怎麼可能完成長官交付的事項，而是能推就推、能躲就躲，整天盤算自己的薪水多寡來決定今天工作進度，想當然是不會受到公司重用和升官；相反的，半澤直樹就算做到了課長，依然把融資貸款業務做的有聲有色，而且對待下屬如同親人，服從上司使命必達。但因爲這種個性和態度，才讓分行長淺野認爲這是個揹黑鍋的不二人選，卻不知道半澤直樹有著強大的復仇心態支撐著心靈，不肯輕易就範成了淺野升官下的墊腳石，除了一邊應付總部責任調查組和分行長淺野的刁難外，還要追回遭假帳騙走的五億元貸款，這方面的處事能力也開始慢慢發揮出半澤王牌銀行員的潛質……

提到劇情裡揹黑鍋的橋段，是不是有種牙癢癢的感覺？沒錯，只要踏入職場裡，我敢保證，一定會有這種人突然擺你一道，不管是明來還是暗捅，為的就是要想盡辦法讓自己全身而退，最好能把過錯推的一乾二淨的人存在。

下列舉幾種類型的人，看他們如何在職場中，用無形的力量挖洞給你跳：

一、有特定主管或資深員工撐腰

因為大家都知道打狗要看主人，所以只要這類型的人被長官認同的話，通常不是心機重不然就是機車主管的發言人。當然，得到賞識的理由不外乎是能力、利益、會巴結、長的帥還是美麗動人等等……所以，當這種人出包鬧狀況的時候，自然就會想盡辦法掩飾自己的過錯。最好不要讓主管知道自己犯錯的一面，就是這類型的人常做的事。

常見的手法如下：

（a）表面挺你，背後捅你。

那種打從一開始上班之後，只會笑臉迎人的對待部屬的人，最愛講的一句場面話就是「責任我扛，你們儘管去做」，當出問題的時候，這種人就會第一時間找主管出來講悄悄話，然後把責任、過錯加油添醋倒在你的頭上。如果主管不察誤聽讒言，那下場就是受罰的神不知鬼不覺，被裁員等莫名其妙之類冤枉的事情發生在你身上。

（b）拉攏與其為伍的員工，挑撥離間。

這類型的人，只要你合他的胃又順他的意，包準在公司可以安享晚年；但是只要你讓他看不順眼也不想配合更不屑拍他馬屁，那你會開始覺得做事處處碰壁，原本還會與你共事的同仁，都會像陌生人般的迴避，耳裡還會聽到從遠方傳來訕笑毀謗的聲音。

（c）藉機在業務往來上挖洞給你跳。

這種說法就比較難以考證了。總之，這種人不管是你的上司還是同事，只要會從你這邊經手到他身邊的業務，都會莫名其妙延遲或是忘了幫你呈上主管，還是忘了申請之後的作業流程，興師問罪的時候，再來個「忘記」不然就是「你有交給我嗎？」，最後再加個「不然你去問主管嘛！」來顯示自己可是上司身旁的紅人「不然你想怎樣」的意味非常濃厚。

就像我說的，這種類型的人並不好抓把柄，因為對方是無心還是有意，從工作上的合理性角度來看，根本無解。

二、驅除會妨礙升官或是安逸的人

就字面上的意思來說，就是你的存在對他已經構成了威脅。

首先第一種人就是你的能力比他還強，所以他覺得自己的地位即將不保，必須趁火苗未燎原時出手，以防養虎為患，哪天做掉了自己都不曉得！

第二種人是他只想平平淡淡的過生活，但是你的出現，讓原本平靜的職場起了化學變化，也或許是你特別的舉動，讓公司所有人對你另眼相看，反而讓他成為好逸惡勞、無能至極的代名詞。所以你覺得你活的下來嗎？

第三種人指的就是來了個比他更會捧ＬＰ說場面話的人，那個畫面就像是周星馳主演的鹿鼎記中，多隆隨身僕人搶拍韋小寶馬屁的厲害角色出現，主管關愛的眼神都被你搶走了，你叫他混屁啊！不過遇到這種事的人，大多數的受害者都會露出「我又沒有在拍馬屁」、「只是就事論事而已」的無辜眼神看著對方，但是他依然會痛下殺手，讓你滾出視線之外。

常見的手法如下：

（a）拜託！請你不要那麼專業好不好？

管你是不是去了巨匠還是聯成學了點皮毛，你也他媽的太搶鋒頭了吧？一進來就像是給我個下馬威一樣，好像那些事我不會做，還是三天的工作你一天完成來表示你的專業。你這死菜鳥最好給我記住！有時候慢慢工作慢慢摸，把真正要做的留在加班後完成，也是台灣勞工的生存法則，不然那二十年沒漲的薪水要怎樣應付每年必漲的民生物資？

總之就是你把事情都在下班前做完了，我要是老闆也會要求其他員工比照辦理，這不僅是破壞了資深員工的傳統，也害他們沒有時間摸魚和騙取加班費，所以你不死天下哪會太平？

（b）能力強有什麼用？搬弄是非才是王道！

你會做事，我會扯腿。當你完成一件大事時，這種人馬上就會跳出來說「這沒什麼大家都會做，只是主管給你表現的機會」要同事們間接知道你的功勞是主管給的，而不是你一個人可以完成。

但是當你犯錯時，這種人可就不是跳出來說「孰能無過」來替你解圍，而是對著同事們搖頭嘆氣，然後開始對大家洗腦，然後把你的失敗昇華成無能，導致同事和上司開始對你失去信心，最後你也只能摸摸鼻子離開公司。

（c）來個狠角色？但是比矯情你還是差我一截！

做人處事有時候也要玩點心機，但是太刻意的話，反而會引起這類型的人關照，而且會視你爲眼中釘。別懷疑！就是你不小心或是故意搶了他的飯碗，所以你才會受到莫名其妙的攻擊和詆毀。別試著反駁辯解什麼，因爲這樣做只會加速你滅亡的時間，畢竟他敢明目張膽的對你下戰帖，就一定是仗著天時地利人和，攻的你措手不及，遍體鱗傷。

加倍奉還法則：

當遇到以上狀況時，如果知道鬥不過時，就趕快決定要就委曲求全賺個溫飽還是反抗革命留個全屍，選前者這輩子要繼續待在這公司的話，就注定活在這種人的陰影下；選後者，要嘛就要比對方狠、要嘛比對方看的遠、要嘛比對方敢投資，總而言之，既然要橫著幹，就要學半澤直樹一樣，抱著同歸於盡的想法來與對方交手，可別留給自己一條後路，這會使自己下定不了決心堅持下去。

03. 做事千萬不要像一個機器人

「一定要珍惜人和人之間的聯繫，千萬不要做一個機器人」這是半澤直樹的父親所給的至理名言。主角在做融資貸款前的偵查工作時，一一的詢問牧野精機的社長，爲的不是利益調查，而是在爲這個瀕臨破產的傳統手工螺絲工廠找尋生存機會。

當半澤知道社長堅持自己的理想準備放棄東京中央銀行的週轉資金時，原本硬生生像個機器人的貸款專員，突然搖身變成和藹可親的面貌，因爲主角他從牧野社長的身上看到父親當時堅持的影子，所以下定決心要幫這間工廠爭取融資，而且還以他專業的角度來評估這家螺絲廠所欠缺的東西，這契機也爲他日後得到竹下社長的幫助解圍。

在一般的職場工作環境中，難免會有那種不苟言笑的黑臉主管還是同事存在，這時候你可以觀察一下他是不是名副其實的「刀子口，豆腐心」的個性，尤其是那貝戈戈的說話方式，絕對是讓人恨的牙癢癢不說，每天掛著像是討債的黑道兄弟表情望著你們。但是只要公司有人發生了不可抗力的狀況出現時，這種人就會馬上放下身段，飛奔似的跑來關心，然後一邊詢問有沒有幫得上忙的地方……

當然，以上的言論只是我想闡述一下何謂「珍惜人們之間的羈絆，是冷冰冰的機器做不來」的虛構人物，職場上有這樣盡心盡力不求回報爲公司付出，而且還會默默關心員工、同事的人，根本已經絕種了！那就像六千五百萬年前砸下來的隕石毀滅恐龍一樣，已經不存在於地球這種危險又自私的地方。

我們常常期許的，只是人與人之間的一點點尊重，假設去一家餐廳吃飯，但是人非常的多，所以服務生一直沒有過來幫你點菜，正當要擺臭臉招手要工作人員注意的時候，你旁邊坐下來一家三口的小家庭，這時你又想著現在人真的很多，只好忍耐一下。結果又等了一陣子，服務生才匆忙的走過來，但是竟然停在隔壁才剛入座的小家庭旁爲他們點菜，完全沒有依照先來後到的接待處理方式，結果你會：

（一）叫你經理來。

（二）大罵一頓，叫服務生「土下座」。

（三）用指甲抓桌子製造出尖銳的聲音抗議。

（四）假裝拿手機講話，故意把這家餐廳服務品質大聲說出。

（五）微笑拍著服務生的肩，然後下一秒變臉怒視著他。

（六）什麼都不做，繼續生悶氣或是起身不消費的離開。

除了（六）的答案外，其他都算是地球人會幹的事情。現在一定會有讀者抱著很大的疑惑：「不是要學習對人們的尊重嗎？但是爲什麼答案都是這種極端反應……」，對此要在這裡澄清一下，我可是有做過服務生，所以知道遇到奧客是多麼捶心肝、撞玻璃都不爲過，但是既然選擇服務業這種高敏銳性的工作，就該知道顧客的臉部表情還有投射過來的眼神語言，況且連客人入場時間都會忘記的服務生，到底是誰不尊重另一方由此可見，如果還要找其他理由的話，身爲消費者的你們會不會更加生氣？

提這日常會碰到的小插曲做爲故事，最主要的不是批評那些菜鳥服務生，而是要教導大家在職場中要會變通，就像王牌銀行員半澤碰到末樹那難纏的女人，前兩次的文攻武嚇都無法扯斷身爲女人的韌性，也是這兩次的失敗再加上老婆無意中的一句話，半澤改變了做法，也讓他一舉突破末樹的心防……

回到剛剛那倒楣的服務生事件裡，有可能他會被客訴丟了工作或者被上司責罵，但那些都不是重點，而是在於這服務生有可能只是這家餐廳的代罪羔羊，總是會站在第一線挨客人罵，還會因爲碰到奧客要讓主管給交代的時候，莫名其妙背上怠慢客人而丟了工作之類的衰事。

人不是機器，所以會記仇，尤其是吃過暗虧的地方到死也忘不了。當然，這裡指的「記仇」不是單純對上司還是奧客的那種恨，而是在那個跌倒的地方，人總會下意識的多看幾眼，也就是所謂的「觸一次礁，學一次乖」才會更專注於下次同類型的工作，犯錯的機會也相對少了。

這個觀念在職場上是最貼切奮鬥史，誰能一開始就能把陌生的事情做好呢？當提到這種需要名人出來加持的血淚史，大家一定會想到比爾蓋茲、賈伯斯、還是王永慶、郭台銘等家喻戶曉的大人物，卻沒想過那成功的金字塔尖端腳下默默耕耘的人們。當然，我所要講的人並不是半澤直樹，而是這個在日本被稱為職場英雄的虛擬人物作者——「池井戶潤」。

池井作家能寫出這個令日本職場躁動的作品，也算是苦盡甘來，因為他是從銀行放款員轉職成作家，所以知道金融業的心酸，尤其是自己經手的放款業務，怎麼可能會忘記瀕臨破產的公司負責人向他苦苦哀求的身影，還是遇到像東田社長的那種專門鑽法律漏洞的人渣。這對池井作家寫作來說，如同是人生的跑馬燈映照般的寫出事實，真實地讓人感受職場上的黑暗一面。

雖然池井表示劇情是爲了增加張力，所以誇張了一點，但也把劇情裡的「流放」詮懌的淋漓盡致，在現實中碰到這件事，反而更加地讓人絕望。池井讓故事的主角半澤直樹去實現他未達的理想，不管是勇於糾正主管還是極力還給自己清白，最重要的是要證明殘酷的社會裡，需要一點點人性溫暖來改變現代人的通病——「冷漠」。

加倍奉還法則：

做人要有原則，就像我自己就有一套標準：受到欺侮，雙倍還回去；受人恩惠，雙倍送回去。

沒有人喜歡被欺負、污辱，尤其是加害者跟你無冤無仇，只是單純為了私慾的那種，那更不能放過他，對付這種人，我一向都是「加倍奉還」！更加地羞

辱回去，才能讓他知道這種被欺負的感覺。

當然，這世界有壞人陪襯，自然就會有好人串場。這種人尤其是在你失意的時候，更顯得珍貴無比，自古落井下石誰不會，雪中送炭談何容易呢？所以當這種好人出現時，一定要記得報恩，就算對方只說略施小惠不足掛齒，你也要想盡辦法在任何場合還回去。

不過請記住一點，我一向主張「人性本惡」，幫你的人不全然是真正幫你，也有可能是幫自己，換句話説，就是你有利用價值跟用處。信人信三分，謊言佔七分，可不要在這社會裡傻傻真心真意付出啊！

04. 部下的功勞歸長官，長官的過失部下扛

「部下的功勞歸長官，長官的過失部下扛」這句話不僅是劇情裡最貼切的代言詞，也是現今社會上，最符合現實生活中的嘉言名句。

在任何的場合裡，長官總是要求屬下一切都要以公司的聲譽著想，所以遇到不合理的事情，能忍則忍，就算被當條狗看待也沒關係，甚至還會對你說「誰不是這麼苦過來的，你想往上升，就得忍」，這句看似非常有理的廢話，卻隱藏了不爲人知的祕密，那就是——你想保住飯碗，就必須聽我的，處處爲我著想；尤其是遇到我犯錯的時候，不是要你正言直諫，而是要你出來擋子彈。

只要做到這一點，很多人一定覺得自己離升官之日不遠了，而且還深受上司的信任和喜愛。如果是這樣想的話，保證人財兩頭空，最後搞的求爺爺告奶奶呼天搶地，也沒有人可以替你洗刷罪名。因爲這時候找當初向你保證的長官幫忙，不是因爲你的「體諒」而高升，不然就是你的「恩惠」而發財，早就忘了你這個爲他到處擦屁服的可憐蟲，自己去享受人生了。

在這社會裡，越是說的天花亂墜的人，他的地位和權利往往是無堅不摧地穩固，因爲一定會有笨蛋會跳出來巴結還是扛責任，這種生兒子沒屁眼的權術，政客用的最多，也是最發揮地淋漓盡致的職業之一。但不管怎麼說，一個願打一個願挨，沒人可以管得住，不過一定要記住，吃過一次悶虧就該清醒，而不是繼續在這夢中追求那享受不完的榮華富貴，而忘記夢醒時分的痛苦。

首先，依照慣例解析幾個這種類型的上司、同事給大家警惕一下：

有事大家做，功勞我獨佔

這種人最常用的手段不外乎就是「最近有一批貨來，我們部門人手不夠，所以你們要來支援一下。」如果敢拒絕，他絕對會報告給上司知道扯你們後腿，不然就是在同事圈放消息說你們無情無義……

一旦幫忙完成後，換來的卻是獨佔長官的讚美和功績，找對方理論的時候，還會被說「你們那部門明明看起就很閒嘛！……蛤？什麼？你們因爲幫我弄這批貨，所以自己的業務被耽誤到？這關我什麼屁事！一定是你們平常偷懶習慣了，一有機會就找藉口說做不完，所以想賴到我頭上？信不信，我會跟長官報告這件事？」

這就是有難同當，有福獨享的偷雞心態。要幫這種人做事之前，就是要算清楚，白紙黑字自然是跑不掉的，尤其是出包的時候，你才有反駁的機會，而不是幹在心裡口難開。講到這個，就像裁量臨店的小木曾，要求半澤部下中西去做背叛自己上司的事一樣。你不留點可以爲自己辯解的東西，到時候可別怪別人像《唐伯虎點秋香》的那句台詞一樣「別說我不是，就算我承認我是，夫人到時候翻臉，我也吹不破妳拉不長妳……」

總之，好人總是不長命，因爲壞人會算計，所以要防就得要處處留心，尤其是現在人手一支智慧型手機都一定有錄音功能，可謂居家旅行，殺惡人無形，必備良「機」啊～

你的功也是我的功，我的錯就是你的錯

「死到臨頭不賴帳，一皮天下無難事」就是這種人最強的絕招，這好比集滿七顆龍珠後召喚龍神的主角群一樣賴皮。當別人做的要死要活時，這種人最會的就是搶功勞衝第一；黏著主管不放，談笑風聲中把讚美和獎勵收到自己口袋。

當他犯錯無法推卸責任的時候，能哭就不能少掉淚；要上吊還不忘留凳子；尤其是裝出一副引咎辭職的殺手「賤」招出來時，更讓主管還不得不加薪留人的好演技。當然風頭過去了，這種人就開始爲當初的失敗，準備挖坑找人跳進去，而你……（對對對！就是你！）就只能弄到啞巴吃黃蓮有苦無人知的地步。

當你犯錯時，很抱歉，真的很抱歉！遇到這種類型的上司還是同事，就只能自己扛責任，別指望有人會站出來幫你說話。因爲讓你活著是關係到利益，當要你死的時候，就像蘋果吃完剩果核的道理一樣，下場就是進垃圾桶，絕對不會進到他們的口袋裡。

講到如何防範這類的事情發生，不是要你盲目的向長官直接明示功勞在自己，小心會招來功高震主的報應，而是要偷偷來。何謂「慢性中毒，一點一滴侵入骨髓」的做法？就是要暗示性的在同事間散佈消息，要不然就在文件中透露一點或者留下無名訊息暗指功勞者另有其人。當然，會做到這個地步，通常都是遇到不會做人的上司還是同事，才必須出此招，如果遇到的是好長官，還要如法炮製的話，當心「百倍奉還」是在你身上啊！

加倍奉還法則：

在這世道裡，有誰喜歡功勞被搶走？尤其是辛苦了一陣子，好不容易達成

任務卻沒有得到獎賞，誰不幹？連我想到這點也會幹在心裡！如果說苦勞是大家的，功勞卻只有一個人擁有，誰肯去做？誰肯賣命？

上司出點子，下屬去執行，這是在職場裡常常見到的分配。但是事成之後，是不是也這麼光明磊落的分配獎勵，那就要看這位上司還有沒有良心。不過講歸講，這種天人交戰的是非題難保有一天不會落在自己身上，每個人一輩子不可能永遠只會是下屬、菜鳥，而是有朝一日會成為上司、老鳥，那時候才是驗證自己當初所想的，所講的還是發誓過的諾言。

記住：己所不欲，勿施於人。不管自己是否吃過這種虧，還是因為時有耳聞搞的人心惶惶，誰都不想白忙一場或是幫上司收爛攤子、擦屁股。所以想活得長久，就學學半澤直樹和下屬共享勝利果實吧！

05. 如果輸了一定討回。而且是雙倍！

職場上一定會碰到的事，就是兩人爭鋒相對必有一傷。但不一定輸的人就會被打入「人生失敗組」裡去，懂得適時低頭的避其鋒頭也是種訣竅，可別呆呆的提早認輸，收拾包袱，夾著尾巴離開公司。

在那裡跌倒，就要在那裡站起來！而且還要華麗的翻個跟斗，讓對手嚇到魂飛魄散，鬥志全失。本章就是要教你如何討回顏面，而且是雙倍討回！

第一，輸在控制場面的技巧

頭腦不好沒關係，但是一定要多看電視和報章雜誌，很多點子和靈感的來源都是出自於日常生活中，就連職場常會用到的交際手段，都可以從電視中那些油嘴滑舌的綜藝咖和政治人物身上學到一點皮毛。

當然不是要你去學如何出張嘴行騙天下或是那誇張損人不利己的談吐，而是要學著死到臨頭不亂陣腳的精華，這就好比某演藝人員出事沾了一身腥，依然在螢幕活潑亂跳；某身陷假球案風波的球星，在談話性節目大談假球案；某政治人物與素來不合的人見面，也要笑臉迎人好像與對方相見恨晚的演技是一樣的道理。

此種要領就是不能慌，當自己身在不利的場合下，除了要細心觀察周遭環境外，也要擺出一副「視死如歸」的豁然態度去面對，自然就能全身而退。因為人與人爭鋒相對之間，最怕的就是遇到比自己氣勢更猛的對手出現，一旦自己軟了下來，就會遭受到無情的砲火攻擊，不然那些號稱政治名人、節目名嘴、演藝強人早就成為砲火下犧牲的冤魂了。

但是提到實際做法，還真的有些不容易。你能想像，當自己正面對老闆還是上司咄咄逼人的情境中還能夠給你反駁機會的，一般來說是少之又少，尤其是擁有主管職位的人都好面子，在這種人眼中是沒有「不是、不對、您說錯了」幾種容忍方式；要是自己忍不住學著半澤直樹那樣對著上司大小聲的話，很可能丟了飯碗或是要做好辭職的打算。所以，要做到小蝦米對抗大鯨魚的戲碼，也不一定要以卵擊石來個玉石俱焚，只要你會以下兩點，保證你對上司還是下屬都能掌握場面：

（一）掌握情資，迂迴進攻

情報傳遞一向是左右戰局的武器，更別說職場如戰場的地球村。跟上司互動、開會不外乎就是要投其所好，從有利的方向著手，才能一步一步的進入你所想要的核心地帶。想要讓自己所提案、企劃的東西勝過對手，那內容物就是要符合他人的期待，所以要想的比上司更有遠見又創新，也要揣摩對手會如何出招扯你後腿，那結果絕對會比你直接「慷慨赴死」還來的有價值一點。

（二）被抹黑時，別急著反擊

職場上，最怕的就是來個惡人先告狀。會出這招先發制人殺人無形之中的暗器高手，一定有著奸宦般的頭腦，因爲怕明爭可能鬥不過你，所以出此險招。如果真不小心中了暗器，可不要莽撞的迎頭反擊，這樣會中了敵人設下的第二層陷阱。而是要像半澤一樣——「我忍……我咬牙切齒的瞪著你……」的靜觀其變，慢慢蒐集證據和人證，然後假裝配合著反省，讓對手的防備慢慢鬆懈下來，這樣你才可以恢復元氣，有待一日，雙倍奉還！

第二，輸在人際關係的運用

技不如人沒關係，還有第二條法則，那就是「人脈」。不過，要人們無條件的幫你，除非是一等親，否則實在找不到這種生物的存在。

有錢才有情，有權才有理。這兩種道理很多人都知道，也拜很多惡性商人、投機政客、無良的暴發戶與富二代常常博進版面之賜，大家才認清楚「人爲」的重要性；一個人是無法成就豐功偉業，而是要有更多人的默許幫助下，才會達到目的，不管結果是名留青史還是遺臭萬年，都讓他賺夠一時的痛快。

當然，一個小小的上班族，哪來的經費跟人家玩金錢遊戲的招術？在職場上經營人脈，第一要點就是你的專業，你某方面的能力強，自然就會有人來請教，這時候就是賺人情的時間。第二要點就是你要硬，做事有擔當，該接手就該馬上跳出來。許多人很怕多接工作以外的爛攤子，所以你接手，自然周遭的人就會對你有好感，不過可不要接手自己完全無法負荷的東西，否則只會弄成反效果，成爲大家的笑柄！

再來是同事間私底下的生活互動，有時候多花一點時間在社交場合上，多結交一些平常很少見面的同事，搞不好在有需要的地方，這種人還可以順水推舟的推你一把或是在你孤立無援的時候拋下救命繩索也說不定。

加倍奉還法則：

雖然半澤旋風吹的是報復上司之間的戲碼，但是劇情裡卻強調主角一個人是無法抵抗邪惡的勢力，尤其是上司故意在工作和調查之間要主角做出抉擇的時候，半澤的同期和下屬一個一個的跳了出來幫助了他，即便有這些好同事、好下屬幫忙，半澤也是要低頭向他人請求援助，更何況是現今的職場內。淪於單打獨鬥的職場成功性，常常會輸在一個團隊上的合作，因為有錢大家賺而不是自己絞盡腦汁想破頭鞏固飯碗。

輸了誰都想討回顏面，只是要動頭腦去改善自己的缺點，而不是整天想著要「加倍奉還」卻不知道自己要拿什麼去「奉還」？一窩蜂的學著電視的名言，卻不知道自我反省的話，那還不如做白日夢比較快。

06. 人的價值是無法用金錢衡量的

當半澤背負著五億元呆帳取不回的黑鍋時，大和田問著中野行長說主角值不值那五億元來讓他留在銀行裡，「人的價值是無法用金錢衡量的」回這句話的中野行長也說明了他獨道的見解。

的確，在很多人的想法裡，做的越多，回報的就相對的多。我只能說在職場裡這是個「屁」！很多的不公平出現在於制度上和不能公開的內幕裡，就像中野行長否定大和田的想法來說，半澤會不會替公司賺回那失去的五億，根本不是他考慮留人的根據之一，而是從他身上可以找到利用的價值。

回到現在的社會裡，常常會在職場裡碰到所謂的「親友團」來到職場裡，空降原本你期望的職位不說，還佔著茅坑不拉屎，對公司一點幫助也沒有，卻沒有人拿這種人有辦法，假如這時候老闆還是上司又站出來說「人的價值是無法用工作來衡量」的話，誰不會覺得火大？

講個朋友的案例：

某個鐵工廠焊工師傅每天可領一千兩百元到一千八百元的工資，當然錢越多就代表著那能力越強，而且又能獨當一面的作業也負責，一千八百元薪資朋友領得實至名歸。但是有一天，這鐵工廠裡來了一個老闆的遠房親戚，說是來打工賺錢的，聽說技術不怎麼樣，結果實際測試了一下，還真的很弱，尤其是基本的點功完全不行。朋友還想，這種貨色大概只能領到學徒的價碼，沒想到行政小姐「不小心的」透露出這親戚領的是兩千七百元的天價。聽到這個常常出包、做事又慢的「親友團」領的還比做了十幾年的廠長還多，工廠裡的多數人一肚子火的罷工說不幹了，搞到後面連老闆自己也覺得拖累進度太多，只能趕緊換掉那個「不能以金錢來衡量的親友團」來澆熄民怨。

舉這例子不是要大家來批評老闆的不公，而是指老闆的遠房親戚竟然挖這種大坑給他跳，這不僅失了面子（對親戚家屬那裡的交代），也失了裡子（對廠房裡資深員工的傷害）。一個懂得自律的成年人，絕對不會做出這種陷人不義的舉動出來，尤其是親戚還有意花重金栽培你的時候，正是你發揮才能報答恩情的時機。相反的，只是一味的擺爛領高薪又不做事，然後杖著有血緣關係就有恃無恐，那跟個媽寶、爸寶又有什麼差別？

人的價值就是該反映在這種事上，尤其是當周遭的所有人都看不起你的時候，你就更該努力的表現出來，有這種氣魄和執行力的人，馬上就可以讓所有人閉上嘴巴，這種雙贏的局面誰都想看見，不是嗎？

職場上除了有這種先天上不公平的待遇外，還有一種是薪水上的比較。有時候人們會想：我學歷低，但是我吃苦耐勞扛起公司大小事，領薪水的時候永遠比那種只會坐在辦公室不務正業每次電腦畫面都留在LINE或SKYPE上的人還少。尤其是該做事的時間總是東摸摸西摸摸，打字聊天還比打字辦事還來得有效率，但是老闆就是重用這種人，實在是匪夷所思……

這個原因呢，其實非常的簡單，以下幫你們分析一下：

（一）做事花在刀口上所以閒。

（二）演技比NBA球星還好，所以瞞天過海。

（三）跟老闆還是上司有一腿，或是有你不為人知的祕密。

（四）像是吉祥物或招財貓一樣，存在的價值遠比花錢打水漂還有用。

（五）老闆說：「我就是錢多請他來摸魚的，咬我啊？」

當然以上都不是我想表達的重點，而是在公司裡一定會有等級上的落差出現，很多東西不是盡如人意，只會人比人氣死人。如果要去計較這種人爲什麼領得比你多的話，那還不如好好做事盡到自己領老闆給的薪水價值來得有用。

等自己怎麼都做到了、盡力了，結果還是那麼不爽的話，那就騎驢找馬吧！我相信你提出離職的時候，緊張的不是你而是老闆和上司。畢竟你的價值已經展露無遺，要不要繼續賣命是你的選擇，要不要花大錢加薪留你是老闆的決定。而不是在那邊自怨自艾的找時間批評，連盡自己的本分都忘記了，那你就只能繼續不爽下去，誰也不會同情你的！

加倍奉還法則：

薪水不是決定你工作的態度，而是用你的態度改變自己的薪水。在職場上太多的不公平法則存在，有些是你盲目看不到他人的價值，有些是你低估別人努力的地方。要讓老闆少算你的薪資加倍吐還給你，要的是專業上的本事，而不是嘴巴上的逞能。

只能說，職場裡誰都會計較，只是在緊要關頭裡，誰忍的住，誰就是贏家！

07. 就算再有錢，也是無法得到真正想要的東西

看過《半澤直樹》的人都知道那個以爲有錢就萬能的東田社長，竟然會傻到相信一個用錢收買的情婦，而且還把最重要的紐約銀行存摺交給了她，才導致最後兵敗如山倒的局面……

人啊，爲了買房子、買車子加上娶老婆、嫁老公、禮金、嫁妝，甚至之後生兒育女的奶粉錢、教育費，每個環節總歸一句「都是要錢」惹的禍。

有時候我也滿佩服周遭不到三十歲就結婚的朋友們，因爲這幾年的經濟真是很低迷，尤其是領那種經過十幾年都不調漲的薪水，實在是抱著非常大的疑問，想著這種鳥薪水養自己都過不下去了，他們還能從物價飛漲的時代擠出一點小錢結婚生子，真的是讓我太欽佩了……

拜各種顏色的政黨所賜，從出生到現在，台灣真的都在原地踏步（從我了解薪水是什麼東西然後到了現在，薪水真的不增反減），房價炒到只有無良的黑心商人跟詐騙集團買得起、住得起。

有些人會問，爲什麼不跟著鋌而走險做黑心事業，成功一次就不愁吃不愁穿，反正法律只保障有錢人、恐龍法官要嘛只會收黑錢，不然就是掛著高學歷做出像幼稚園小朋友的判決，然後每天令人啼笑皆非的案例滿天飛舞著。爲什麼呢？有時候我也在問自己爲什麼呢？爲什麼不學著做，不冒險一下？理由很簡單，因爲我是個好人。當然不僅僅是我自己，而是全台灣百分之九十九點九的人，都是有良心的好市民。這理論是不用證明的，原因在於「我主張人本性爲惡，因爲有律法、有教育，所以人會朝向善的方向是努力」，作姦犯科大家都知道嚴重性及後果承擔。

雖然是題外話，但是卻是有錢人買不到的機會教育。從小我們就被教導著「知足」兩個字，因為父母不是郭台銘也不是王雪紅，所以中產階級以下的家庭所學習到的人生觀就是「穩」字。像是穩定生活、穩定工作，連娶老婆這件事父母都會告知要找個大屁股型的穩穩過一生就滿足了。可能我父母那時代是比較保守的民風（雖然不是真的很久遠，但也是三年級開頭的）。

我這曾經被冠上七年級草莓族的小鬼頭，都被教育成讀書才有前途才能賺大錢娶水某嫁好尪。等到自己快邁向三十而立的時候，路上看到的小孩不再是揹著書包戴著眼鏡往補習班跑，而是有人揹著樂器，提著高爾夫球桿，腋下還掛著美術用具……這難道意謂著小孩開始有自己的想法，加上父母也想到自己悲慘又無趣的童年，所以開始放手讓孩子們去選擇和學習嗎？

當然，現在所講不是教育理念，因為這話題太沉悶也不是我的style，而是《魯冰花》的那句話：「有錢人家的小孩好像都比較會……」這種話題或許有些偏頗，但是卻是滿實在的話。沒財力的家庭哪來的閒錢供你做這種事？就像以下這種案例：

（一）學畫畫？在台灣當畫家會餓死！

（二）玩樂器？書不好好讀！整天在那邊DO．RE．MI，死人出殯才用的上音樂啦！

（三）打棒球？電視都說職棒都在打假球，你還跟人家湊什麼熱鬧？

許多夢想被冠上「沒前途」三個大字後，讓很多人都只能選擇放棄，想起來還真的捶心肝……但是，別忘了，這本書要教你的是如何加倍奉還，而不是抱怨就行！不管現在的你是如何死領薪水要死不活巴著老闆的LP不放，還是整天無所事事找不到目標，都要有三個認知開始建立起來。

第一，找回失去的東西，對人生有益無害。

小時候諸多限制的經歷，造就你現在極爲平凡的人生。所以你甘願相信你老爸老媽所說的：「找個工作，好好做就可以。」致使你早就喪失了童年的興趣，淪爲一個賺錢機器、生活白痴，完全沒有目標可言。那就是人所謂的「錢賺再多，也帶不進墳墓裡」。

還是你想辛苦一輩子，造福子孫的偉大情操？就連股神巴菲特都曾表示死後不願意留下大量財產給子女，因爲一無所有的人，只會得到不會失去，而不是讓他的子孫一事無成，爲了財產反目成仇。理性的人都知道「貪婪是人類最大的通病」，沒有人抗拒得了。

第二，用錢可以收買人性，卻不能打動人心。

不管是對朋友，對同事上司還是親人都要知道，用錢交的朋友是酒肉朋友，用錢買的官位是玻璃官位，用錢買的親情往往是上新聞頭條的人倫悲劇。要明白朋友最需要的是什麼，同事最想要得到的是什麼，上司最想聽到的是什麼，這都要必備著眼觀四面，耳聽八方的敏銳度，才能精準的進入步調裡面。

第三，適時的讓自己放鬆一下，休息是走長遠的路。

在台灣，癌症一直是十大死因的榜首，除了黑心商人、無良的製造廠商讓全國人民洗腎機會大增外，就是過度勞累讓自己的肝功能指數異常。雖然知道台灣人奴性堅強，但是那種加班頻率很高的工作，還是那種像責任「蛭」一樣吸爆你精力的公司，盡量能少碰就少碰。

但是對於只要能夠吃飯餬口，就算二十四小時不停的工作也甘之若飴的人來說，這都是爲了五斗米折腰所面臨到的困境。當然，這在基層勞工界裡，非常非常的普遍，所以血汗工廠的事件不斷傳出，過勞暴斃的新聞常常是從小就耳濡目染。

在這裡倡導放鬆的目地，當然是爲了那些死不足惜的基層勞工著想，因爲多數人都怕休息就會被取代掉而丟了工作；辭職是怕找不到更好的工作……這幾種原因，而選擇繼續賣老命奮鬥著，卻忘了自己身體不是鐵打的。

適時的跟不合理的加班制度和責任制說「不」！別忘了健康是用再多錢也不買到的東西。

加倍奉還法則：

從小到大，碰過太多用「金錢」來衡量的事情，除了上例所講的比較大條之外，其實還有一些我們所會遇到的小事。

比方說是「心態上的問題」，大家有沒有想過學生時代裡，都一定會有一個小夫（哆啦A夢裡的有錢人）存在。每次都覺得這種人零用錢好多讓人好羨慕，尤其是帶一些很新奇但很貴的東西來學校現寶時，總讓人氣到牙癢癢。但是出社會後，以為那些幼稚的想法會消散許多，結果看到新聞播到有錢人草菅人命還是花錢不手軟的事蹟，當年的「癢」還是會湧上心頭，恨不得衝上前捏爆了那張奸惡的嘴臉。

所以，事實証明了會自己花勞力、花心思、花時間工作的成年人，都懂得金錢絕對不是萬能，因為我們會去思考和體諒，也知道平民也有平民的過法去度日，那種一日致富的想法還是留在夢中才是最美的！

08. 培養特殊習慣，它能讓你消除壓力的好方法

《半澤直樹》裡，安插了幾段讓現在人所嚮往的運動——「劍道」。每當主角們出現這個橋段的時候，總是在那邊大聲喊著哼哼哈兮加上手足舞蹈的動作（好吧，我承認這是比試裡的華麗動作被我簡單描寫帶過……），但隨著一場競技的結束，主角們就會像是得到快感般的看著對方說：「呼……呼……你表現的真不錯……下次請你……」之類的讓人聯想到「激情」的對話，然後他們才切入自己所要的話題……

現實生活中，總是會有那種好面子的人，平常三五好友聚在一起吃個飯，就會有人先起頭說「吃飯不講公事，誰開口誰就請客」這種看似公平，背地裡卻是一個天大的笑話。因爲跟同性好友聚在一起，誰還有心思在那邊聊公事；但是換作有異性友人在場的時候，那多數人的話題都會圍繞在誰的成就高低和薪水多寡的面子上。

很顯然的，這是現代人心理素質上被壓抑住的通病，大家會在表面上特別花心思去掩飾自己的缺失，那是因爲自己某個地方的確在心理層面上造成不小的壓力。所以現在才會有那種泰式油壓（攝護腺按摩不在此限）、紓壓拳擊等等，一堆琳瑯滿目的發洩地方，都是要你從口袋掏出鈔票出來，礙於全台灣都面臨薪資不調萬物皆漲的時代，本章要教大家如何不花小錢也能馬上神清氣爽！

以下星星數量越多就越實用（滿分五顆星），請大家斟酌參考：

（一）慢跑，實用等級☆☆☆

跑步又能健身也能調適沉重的心靈，而且只要準備一雙能跑的鞋子就可以了（當然準備一雙慢跑鞋對腳更好，但是覺得不想花錢的話，這點請無視）。當然對不常跑步的人來說，跑沒幾分鐘就喘的跟牛一樣，這種吃力不討好的運動又有多少人肯去做？

抱這種想法的人絕對跟我年輕時候一樣，認為慢跑當作運動既無聊也不好受，因為要調整呼吸還會碰到疲倦的撞牆期，而且還受限於場地和環境，所以多數人都避免去做這種運動，所以只能夠排到三顆星。

（二）球類運動，實用等級☆☆

這類型的運動就屬籃球最實際了，因為在公園、學校裡一定會設有籃球場，有些好一點的還會給你加蓋風雨操場。總之不管技術多爛、多遜一樣可以打，而且只要一顆球（不想花錢買球，臉皮就厚一點找路人組就可以啦！）call咖也特別簡單。

再來是棒球，身為台灣的國球，誰能不心動？可惜政府嘴裡喊國球國球，實際上只會在各大賽裡露個面、做個秀、拍個照就只爲了選舉造勢，所以平民想接觸這種運動難上加難……難在沒場地也沒硬體設施，更別說那一點也不親民的裝備，怕打破玻璃也只能選擇便宜的防狼木、鋁棒加上仿真泡棉球。如果真要打又要閒錢的話，去大魯閣消費吧！不過那種機器化的設備還真讓人提不起勁就是了。

其它像是足球、網球、高爾夫球、羽毛球、保齡球……等等族繁不及備載，很多球類運動的通病都跟棒球一樣，受限於場地、器具、環境影響執行率，所以諸多的不便讓球類運動只能得到兩顆星。

（三）電視遊樂器、上網，實用等級☆☆☆

看到這星數一定會有很多人扔鞋子過來，不過我已經準備好「仿某政客攔鞋網」來接受各位讀者的攻擊。

「整天盯著電視、電腦，當心近視眼啊！」這是我已過世的阿母的至理名言，所以我記的很清楚，但是想為自己澄清一下，希望阿母能地下有知啊……

打電動、上網，這些詞連我阿嬤（現在已經高齡九十）都知道的東西，我想無人不知無人不曉吧？最重要的是，大家都認為這種當作正常的休閒活動，根本是誤人子弟、害人不淺的想法。如果是那種深度患者要碰的話，那真的是個禍害，但是大家都是正常人（因為正常人才會買書嘛！），所以知道什麼叫做「節制」。

電動、網路遊戲是訓練反應能力、讓智力不容易退化，又能消除絕大壓力的一項利器。如果同意這種看法，請繼續往下讓我為您深入分析一下：

（a）正面的思考。何謂正面？打電動就打電動，還冠冕堂皇的扣上這個詞一定是媽媽級那個年代所想的。以前遊戲大多是日式的，所以為了要瞭解劇情，一定有人苦讀日文，這不是一種無形的力量讓你家的寶貝多學一種語言嗎？再來就是劇情大多是美麗的END還是感人的END，讓你家的寶貝知道正義的一方絕對是這種好結果，難道這不夠正面嗎？

（b）宅在家裡。當然這不是說那種連工作也不做，只會伸手要錢張口要飯的怪物級阿宅，而是放假就該好好的在家休息一下，況且一出家門就是錢錢錢的深淵，那還不如當個宅男宅女比較省錢。

（c）釋放壓力。遊戲不就打打殺殺，哪有可能消除壓力的來源呢？搞不好還會影響到偏差值……這是個好問題，如果你是那種被上司、同事或是日常生活壓抑到喘不過氣的人，基於法律和理性的規範下打打裡面的怪物不爲過吧？總不能搞到你忍無可忍拿刀追著對方跑的這種畫面出現，這樣能看嗎？

以上言論是對這種娛樂抱有疑惑的人所解答的，但這種活動就像是雙面刃一樣，太過沉迷於這種活動，一定會像抽菸的人一樣上癮到無法自拔。所以是四顆星也可以變成一顆星，請自己要拿捏好！

（四）音樂，實用等級☆☆☆☆☆

說到消除壓力最根本的方法就是「放鬆」，要讓人無憂無慮的專心在某件事上，就屬音樂才有這種辦法。就學者的認知，人類細胞裡幾乎都會對音樂的頻率和節奏造生共鳴，也就是利用到這一點，我才能篤定的說是最有效率的紓壓方式。

一般來說買唱片還是上Youtube聽音樂都是不錯的選擇，如果要玩創意就再加上唱歌跳舞也不失解壓的好心情。當然聽音樂是一種被動手段的話，那玩樂器又是一種主動手段也是一種特殊才藝，只是任何一把樂器都要花錢，所以這五顆星裡有點美中不足就是了。

加倍奉還法則：

人活著一定要工作，因為「動」才是生存下去的天性，也是自古以來的使命。生物的演化使人類站在地球的頂端不無道理，那是因為不斷試驗、發現然後創新，才累積的成果。不過前提都是肯花時間去行動，也就是這樣，哺乳類的動物才屬人類是最長命的物種。

科學研究至今，大家都知道常常保持運動的人，身體都是強壯而且積存的壓力是最少的；相反的，常常坐在電視前面、長久坐在辦公室裡懶到不想活動的人，常常是病痛纏身，而且壓力大到無法宣洩出去。

看到這裡的讀者們，覺得心口很悶，大腦被鎖事騷擾到頭痛欲裂的話，趕快找個可以讓自己快樂又放鬆的事做，然後別擔心這個又煩腦那些，總之就是放空大腦去幹，自然而然的，你就會找到生活的樂趣！

09. 凶狠的表情，有時也是職場的利器

堺雅人每常出現那種使壞的表情，也就是劇情最高潮的橋段，往往不是讓人拍案叫絕跟著納喊，也是加倍奉還的報仇時間……

當然，這章節不是在討論如何報仇、復仇，所以暫且先把堺雅人使壞的畫面撥到腦袋瓜後面去，而是要去思考一下如何用臉部表情去贏得局面，以不傷一兵一卒的態勢拔得先機。

首先，準備好一個小桌鏡，拿出來了沒？好，那就先來看看自己的五官，從眉毛、眼睛、鼻子、嘴巴最後看看耳朵。怎麼樣？鏡子裡的自己美不美、帥不帥不必告訴別人，自己知道就好。

要你確認一下五官，其實是在證明自己的信心，沒有自信的人，就算再怎麼演，都像個脫勾的丑角一樣，讓人嗤之以鼻。如果覺得鏡子裡的自己沒什麼異樣的話，那麼就繼續下一個步驟：

第一點，先動動眉毛、擠擠鼻孔、扭扭嘴巴，首先試著擺出最淫蕩的姿勢，再來擺出悲痛萬絕，死了小強的表情，最後擺出遇到憎恨的仇人的面貌……然後對照著本書一起做的自己來個掌聲（當然，這會覺得非常蠢，所以不做的人我仍然表示贊同……）。

如果跟著做的讀者先別生氣，我最主要的是要說明做與不做的分水嶺在哪裡。選擇做的人是因為缺乏自戀的心態，每天照鏡子擠痘痘、清粉刺還是刮鬍子的時間不夠嗎？所以才會說這是對自己不了解的地方。再來，說說選擇不做的那一方，顯然的，因為大家都知道要扮自己最帥、最美的表情，根本用不著照鏡子，現在的自己就是了。

當然不是要大家養成重度自戀傾向，而是要證明大家已經把自己最獨一無二的容貌刻在腦子裡了，所以不需要特別去整型整到以後生小孩都認不出來就糟糕了……

第二點，試著擺出最窮凶惡極的表情，對著鏡子裡的自己發狠一下，如果可以做到連自己看到都會害怕的話，那就成功了；如果覺得表情散發不出那種味道的話，有可能是自己的修行不夠，因爲要練到不照鏡子都能擺出POSE的境界的人來說，可是從那個被分類爲「還要照鏡子的蠢蛋」中，練就了臉蛋隨時能露出發自內心深層仇恨的表情。

所以在這邊也要告訴大家，哪個人不是先從笨蛋做起的，所以剛剛第一點選擇不做的人，有可能是自信過度導致。如果這個步驟中無法做到讓自己覺得狠過頭的表情，不妨回去第一點當個蠢蛋多照照鏡子調整一下臉部的表情。當然，像我是個能隨時隨地保持笑臉，卻也能在下一秒中保持八小時的撲克臉，這種天賦異稟的人是萬中無一，所以勸各位讀者還是多練練比較好。

第三點，話不多說，練習完就是用在實戰中。不過一開始要先「選好」對象，挑對「時機」，可別隨便找個路人甲實驗，當心被人痛毆在市前。別說我沒事前警告你。

我們先從觀點來看，生氣有生氣的理由，不甘願也有不甘願的事證，所以遇到非常不爽的事情，還是碰到非常非常拗的人時，你苦練的狠勁表情就可以派上用場了，用那種你敢做就試看看、你再拗我們就走著瞧的百倍奉還表情看著對方，保證對方一定能知所進退。

看完以上的概略說明後，依照慣例舉一個案例出來：

有個女性友人常常會抱怨公司的人拗她太兇，尤其是連早餐都要求她跑腿一下代買，而那個人自己睡到快遲到的最後幾分鐘才進公司。當然，這只是一個開端，幫老總倒茶洗杯子的人不是祕書而是她，幫上司買咖啡兼跑文件處理的還是她，中午訂便當還幫忙到附近買自助餐的人也是她……好不容易等到中午休息時想喘口氣，又被資深同事交代要把下午會議資料弄出來，到了午休完開工，周而復始重覆著那些做不完的事，而自己的業務完完全全被耽擱掉卻沒人替她著想，下班時間到了，也只能看著面帶幸福笑容的同事趕去約會，自己卻因爲責任制的業務使命而留下來苦幹到八、九點才回到家。

假如她一如往常的過下去的話，這不是一個結束，而是另一個惡夢的開端。有些人會不會覺得這是個菜鳥職員該做的事嗎？但是她論資歷起碼有兩年多，在公司比她菜的人更多，但是沒有人過的比她還累……這就是因爲不懂得拒絕，不想做的東西也不會擺著臉色，就算自己業務做不完也不會板著一張臉讓人知道自己正在忙，所以同事、上司久而久之都認爲她很閒，撥些小事讓她去做也不爲過，結果弄著蠟燭兩頭燒也無人知。

不過經我這高人的指點後（就事論事的幹譙她一下），她也學會了用表情控制場面，尤其是那些比她還菜的同事想拗她做事的時候，她就沉著臉不發一語的看著對方，讓人家以爲她在生氣；上司和資深同事想拗她做與公司一點也沒關係的屁事時，她會惡狠狠的瞪著電腦，然後邊打鍵盤邊附和，大家看到她露出這種表情時，自然而然的就會知道這傢伙不好惹，還是另尋他人來拗吧……

以結果論來說，她達到了目地，但是以後的發展也是要看自己的實力和專業決定，不是以爲換來短暫的和平就在那裡沾沾自喜。還有這招也不是對每個人都靈的，第一眼的長相就知道此戰法的成功率，那個統籌範圍裡的五官不能太善良（天真無邪的臉龐是要兇誰？）、不能太喜感（如同金凱瑞的表情是要嚇唬誰？），因爲不是每個人都可以把堺雅人的殺氣詮釋的那麼完美，搞不好弄的像超級賽亞人般的結屎臉那就不太好看了。

最後想告訴讀者一件事，有時候在職場上不要先示弱裝善良，因爲絕大部分的人都想成爲狠角色而努力。常言道職場如戰場，你的好心只會給別人痛下殺手的機會，所以只要一開始就把界線跟同事、上司表示清楚，也不用擔心有事後翻臉不認人，鬧的大家都不愉快的事情發生。

加倍奉還法則：

老一輩的人常說「你不犯人，別人就不會來犯你」，但是這世界某些人的手、口、腦就是特別賤。我們不僅要防這種人，也要警惕自己不要去犯賤其他人，這不是尊不尊重的問題，而是得到報應的早晚時間。

但不可否認的，多數人遇到這種事的時候，選擇自保的手段大多都是「沉默」來解決，因為中間牽扯到利益的因素、人為關係等等，所以不管看《半澤直樹》、《後宮甄嬛傳》還是《蘭陵王》裡面的壞人又再幹那第一百零一招壞事的時候，總是讓人恨不得衝上前，用砂鍋般的拳頭打爆螢幕的人物卻又無能為力……這種反應也間接的讓這種不公平的事無法伸張，只會助長那些小人的氣勢，所以有時學會用眼神殺人、逼退對方，讓他無法再對你做出不合理的舉動，這才是身為人類應有的尊嚴！

10. 無堅不摧的友誼，有時是阻力有時是助力

能在職場上找到那種純友情的朋友，那真的是上輩子修來的福氣。《半》片裡面最亮眼的友情角色之一的，就非主角同期的渡真利（之後就叫你阿渡好了）莫屬了。每當主角陷入極大難題，而且還面臨丟官危機的時候，阿渡先跳了出來，第一時間站在主角身邊，這種毫無遲疑的態度真讓人懷疑兩人是不是有著說不出來的姦情。

隨著劇情的發展，終於相信阿渡拯救的不是主角職業的生涯，而是十幾年的友情，雖然我也知道這只是劇本效果而已，根本不可能在現實生活中裡發生的，但還是對阿渡這麼無私的奉獻致上最深的欽佩。同時，有阿渡這個「好基友」（指男性之間超親密的關係）之外，還有近藤這位同期銀行員的幫助，雖然劇情前面過的很不順遂而且超級廢材又無抗壓的個性（抱歉，我說話就是這麼直），突然在劇裡後面熱血了起來，不過才幾集的時候就被打回原形，因爲利益加上家人的關係，他選擇了背叛主角來得到對自己最好的出路……

以現實生活中來看，我們會在心裡給那些稱爲朋友的人，標注著他的分數，通常會劃分可說真話、不能太坦白、不太熟的朋友。當然像有些比較務實的人會這樣區分：有錢可借、有錢很摳、沒錢但愛兩肋插刀、沒錢更愛哭窮的朋友；再來聽過更狠的是：可利用、可回收再利用、可利用不能回收、不可利用也不能回放=廢棄品；用在男女關係方面就更直接了，如：正牌男、女朋友、純聊天朋友、砲友、備胎或是提款機兼司機、拒絕往來戶（就是很抱歉，你／妳不是我的菜）等等太多實例可講……

撇開現實的黑暗面來說，朋友除了以上所舉的功用外，大多連繫著日常生活裡一部分，絕大的因素是相處時間，因爲一年會跟家人面對面談心的時間可能用十根手指頭都還算的出來，偏偏一堆喇低賽的事卻可以跟朋友聊上一整天。

這道理很簡單，那就是隔閡。時代背景、興趣嗜好的不同，所以才造就了朋友的重要性，既然我們對朋友這個詞有初步的概念了，就可以切入這章的主題「友誼是助力有時阻力」。

朋友=助力？

何謂助力？當然不單單是噓寒問暖、借錢K砲那麼簡單。我們可以觀察一下朋友的背景和作息習慣，如果對方是郭台銘的子女那一定要交，這又是爲什麼呢？其實從實際面來講，就算借不到錢但總可以借到人脈吧？人脈借不到還可以借到關係吧？當然以全台灣有錢有勢的比例來說，身邊有這種朋友的機率可能還比中樂透還低，有遇到家境還不錯的就記得要深交一下啊！別怕人說勢力眼，只怕馬善被人騎，總之多交這種人一定是有益健康的啦！

接下來要做到探聽的技術，所以就要很自然又低調的收集一下身邊朋友的家世背景。通常家世不好的人都會絕口不提家族的事情，像是「我爸爸（媽媽）去了哪裡出差」、「我叔叔（嬸嬸）的公司開在哪裡」、「我哥哥（姊姊）吃哪個公家機關的飯」之類的炫耀文，所以很好去分辨。當你達成目地之後，別忘了這只是在為將來鋪路而不是進了保證班，未來的財富和位階還是要靠自己努力才能得到一切！

以下小故事一則：

我爺爺的大兒子的弟弟的媳婦的長子的妹妹，她是我的什麼人？不用猜大家知道是親人（廢話），但是我想說的這個故事主角不是我堂妹，而是我二叔。

早期二叔窮困潦倒，每餐都吃泡麵生活，家裡的沙發傢俱還是外面撿回來的（別懷疑，搞不好你家丟的二手沙發傢俱都被他撿回去用了），有人一定會說「啊不就是撿破爛的嗎？」那又如何？也就是這樣困苦養成二叔平常對人就是畢恭畢敬過了頭，所以才得到了平常人都沒有的機會──「總裁的恩惠」。當然那種恩惠不是便利商店賣的四十九元言情小說內容那樣簡單，二叔他在一家有名的百貨公司裡做著非常不起眼的清潔工作，卻能得到公司裡擁有一人之下萬人之上的總裁提拔重用，這不是奇蹟那什麼才是奇蹟？

這要如何才能辦到這種飛上枝頭成鳳凰的故事，現在就爲你揭開祕密！

（一）老婆大人與總裁老婆是國中同學，所以利用這點和總裁攀些關係。

（二）二叔做人做事夠圓滑，也超會拍馬屁，剛好這個總裁正達事業高峰，所以愛聽這種合胃口的奉承話。

（三）得到總裁這個人脈助力後，二叔把清潔工作慢慢停擺下來，然後自己出來開家清潔的承包商。藉由與總裁的認識，輕鬆就用內定方式標了下來。

（四）人財、事業雙雙得利，家族的人也對他改觀了，現在反而是換別人要抱他大腿拍他馬屁了。

結論是：忍一時，海闊天空。退一步，走的更遠。

朋友＝阻力？

何謂阻力？這種東西就自己憑良心去想一想了啊！當你有錢聲勢大的時候，就會有人在你身邊鞠躬哈腰；當你落魄街頭吃稀飯的時候，他鳥都不鳥你一眼，這是一種。

另外一種人就像是爛泥般，你越跟這種人相處，他越會拖累你進步，尤其是拉你走進泥沼深淵裡，無法自拔。以明確的角度來解釋這類的人用一般的文字敘述比較困難，所以請看一下我的分析：

（一）如同死黨般膩在身邊，所以讓你覺得跟他在一起沒什麼大不了的。

（二）做壞事一定要拉著你做，遇到衰事一定要先請你幫忙，你的錢（東西）他可以借到變成好像是自己的，總之你不回應他就不是好哥們（好姊妹）。

（三）自己遊手好閒不學無術，所以會虧你別白費時機和時間做某些事。

身旁有這種朋友的時候，記得分寸要拿捏，不要全然相信對方一味的說什麼就跟著做什麼。當然不是就要你跟對方絕交，只是要避免交往過深，導致某一方養成了依賴性，就像主人和寵物那般的話，就真的無可救藥了！

結論是：友情誠可貴，朋友有惡習就該站出來制止而不是跟著墮落；如果立場轉換了過來，而是自己要反省，別害了身邊最重要的朋友。

加倍奉還法則：

人有千千萬萬種，朋友也是百百款，如果交友不慎，遇到了只會喝酒吃肉毫無建樹的朋友，就趕緊斷了這種沒意義的友情，不然累的可是你自己。相反的，遇到那種努力上進還會督促你改壞習慣還是阻止你做蠢事的益友，絕對、絕對要好好的善待這段友情，因為這種人可是得來不易啊！

11. 適度的逆反心態也是好事

說到這種反抗的橋段，大家一定會想到淺野分行長居高臨下的酸著半澤直樹那一幕「就是因爲你這種逆反心態，才會造成銀行的危機……」，這個畫面也是主角把淺野分行長逼到有點見笑轉生氣的地步所說出口。

回頭來看看台灣和日本職場的差別，根據統計日本工作者每一百人當中敢糾正上司的過錯，大概有一個人就偷笑了；但是在台灣就不一樣了，一百人之中大約有二十個人左右，差不多二成左右敢直言進諫。當然，糾正的時機和理由也是人文習俗的不同，所以才會落差那麼大。以台灣人一百名抽驗數來說，會認爲當場糾正上司的問題基本上都是：

（一）嘴巴黏飯粒：百分之十九
（二）口臭、身上異味：百分之一
（三）領帶、衣服、鞋子……儀容不整：百分之十八
（四）開黃腔：百分之一
（五）加班、責任制：百分之十
（六）叫錯名字：百分之三十四
（七）薪水問題：約百分之五
（八）工作分配不公：約百分之八
（九）公事、專業：約百分之二
（十）啊我就是想學半澤直樹嘛：約百分之二

雖然這一百人的抽測數只是報紙上的僅供參考，但仍代表著台灣人的職場

主觀意識重於日本，覺得當場讓主管、上司丟臉一下根本沒什麼，還有種皇帝犯錯與庶民同罪的爽度。

不過大家真的認為僅單單叫錯名字還是指正上司服裝儀容就叫作逆反的話，那就大錯特錯了！我們常常不敢指證的是那種會影響工作進度的事情，尤其是題目的（五）、（七）、（十），得票數也許是樣本過少，不然實際出來的數字會更低。

在這幾年景氣低迷，藍綠政黨的政策失敗下，大家的薪水停滯不前的因素都是「工作難找」、「沒有專長」、「一堆打著職訓局口號的補習班變相收費貴到嚇人」、「老闆只想花低薪找傭人而不是找員工」、「產品品質太爛公司沒錢賺」等等的理由……

當然，站在廉價勞工的大眾面前，一定會指說老闆花低薪請我們，所以我們也隨便做做；既然公司的產品是這樣出來的，自然而然消費者怎麼可能看得上這種東西而出錢買下，然後沒人消費公司營運慘澹、業績也好不到哪去，結果薪水不增反減，最後公司倒的倒，該移去東南亞的也去了，吃下這種惡性循環的果實還是我們自己。

再來，除了上班時間以外，誰管國家花大錢養著那些廢物政客們整天吵著法案和利益通不通過，大家永遠只會擔心物價、油價什麼時候可以凍漲、房價何時不炒、關說還是貪汙的政客們什麼時候才會被關……諸如此類的民生大事，卻很少人會去關心到如何改進自己工作的效率，還是在工作上做些改變，「因爲得到實質上的幫助的最大意義是薪水，而不想動腦筋去改變一成不變的日常生活」。但自己卻會去想這種事情，當然這不是一個工作狂的思維，能讓每天過得不一樣的生活，做事就更有衝勁；相反地，不求改變像個機器人般做著枯燥無味的事情，基本上我不屑去幹！所以現在提出三帖偏方給大家食用：

有行動就有機會

誰不想被肯定？誰不想被讚美？但是要得到這些附加價值的禮物，總是要先付出代價。現在的老闆都是呈現被動保留人才的狀態，就是那種「你敢要，我敢給」的心態，有開口就有機會！然後對於那種默默做事枯等老闆加薪升官的人，能壓榨多久就擠多少汁液出來，最後鬧著不歡而散離開的人都屬於後者。

我不是想幫台灣的老闆們解套說情，換個角度想，如果我是老闆，他媽的我一定讓大家加薪升官一起開香檳慶祝；但是這樣公司絕對會倒，爲什麼呢？因爲錢沒有花在刀口上，升官沒有升在理想上，沒意義的開銷只會加速滅亡，所以要我選加薪升官的對象，那一定是要敢提出意見和想法、敢勇於承擔風險的員工；然後適時的淘汰一些混吃等死的惡質職員，對一些按照計畫工作的人有個交代，也有殺雞儆猴的意味存在。

學會進步才會有談判籌碼

大家在職場上有沒有發現過一種現象：一個比你還資淺的菜鳥突然沒了剛進來的客氣和禮貌，反而會對你大小聲和抱怨的時候，那就是你該反省的時間。

因爲這種類型的人，無時無刻都在進步、進化到老闆都不得不重用他，所以，恃寵而驕這句成語有沒有聽過？他驕，是因爲他得到老闆和上司的賞識；他傲，是因爲他有你身上沒有的東西……講難聽一點，就是看扁你了啊！

很多人在職場上就像個遊魂一樣，只有下班、吃飯時間靈魂才會歸位。卻不敢在工作中提出實質的意見來反駁老闆和上司，就是壓根不想淌這趟渾水，浪費時間還有精力，所以別人可以「談薪」，你就只能眼巴巴的跟人「談心」，到頭來吃虧的還是自己。

同情他人是讓自己陷入危機

很多人會爲了別人的低聲下氣還是掉幾滴眼淚，就會手軟、腳軟還是某個地方也都一起軟，總之，就是掉入別人設下的溫柔機關裡還無法自拔。

舉個例子就像：老闆跟你哭窮，要你發揮人飢己飢的心態，別跟他計較加班費或薪水上的問題；上司向你低頭，要你多擔待一點幫他扛責任，等他好過一點了再回來幫你解套；異性同事嗔聲嗔氣的拜託，要你無私的爲他奉獻，讓她升官加薪好過年。

碰到以上這種案例可別傻傻的照單全收啊！所謂的逆反心態可不是國中生的叛逆期，爲了反而反，爲了做而做。而是覺得不對就要反，覺得太拗就要反，覺得太扯就要反，把那些人自認爲合理的要求是磨鍊的屁話呑回去，才是你逆反的目地。

加倍奉還法則：

逆來順受向來是台灣的陋習，要是發生在國外，早就請律師告死你了！但是台灣的教育一向都是以「忍」字為先決條件，卻不知道哪個要忍哪個不能忍，搞錯方向本末倒置。最重要的是許多人喜歡用熱臉貼冷屁股的做法來博取好感，連個反駁的放屁聲音都不敢放出來，白白浪費了自身所學的能力。

反抗長官是一種挑戰，人們常常都是怕丟了工作所以選擇忍辱偷生，如果反對的條件是合理的，又何嘗不能試試呢？如何正確表達自己的想法讓上司不得不採用，這就要看自己下了多少決心在裡面了。

記住了！半推半就半吊子的決心，是打動不了任何人的！

12. 不要趕盡殺絕，誰都知道狗急會跳牆

有一幕，大家是否看了感觸良多……

當半澤準備對淺野分行長十倍奉還的時候，淺野的妻子倉促地從門口走了進來，說是路過公司不進來打聲招呼有點對不起照顧丈夫的同事們，然後握著主角的手寒暄（其實是求他高抬貴手）……看到這裡真讓人覺得有點鼻酸，因爲日本的家庭通常都是男主外女主內，所以當個顧家又稱職的賢妻很重要，而且還不能干涉丈夫在職場的事情，這點與台灣母性社會比較不同就是了。

言歸正傳，我難過的是淺野妻子明知道男人們在職場裡一定都好面子，尤其是自己丈夫怎會不知道他的個性呢？但是她依然低聲下氣緊緊握著主角的手，說著那些希望能夠原諒丈夫做錯的事——這也是身爲男人最不願意看到心愛的女人向敵人爲自己求饒的一面！

當然這劇情最後，看過的人大家都知道主角用了折衷的方式，要求淺野分行長把他弄進本行裡面的職位，好讓他更接近核心地帶……這雖然有點像是鋪梗的橋段，但也是我們所該學習的課題之一。

對待恨之露骨的人，逮到機會也不能做到「絕後」地步

談到心中最怨恨的事，莫過於人爲因素了！尤其是遇到那種嘴賤到不行的小人在你後面捅刀的時候，更讓人發狂到想衝上前插他個兩、三刀。但事實不然，有理性的人都知道隨便亂插人，自然會有法律制裁，所以大家會選擇等待機會來個絕地大反攻，殺他個人仰馬翻也不爲過。

但是得到報仇機會後，最難控制的是自己的情緒，往往都會痛下殺手忘了

留點後路給對方，不然就是把事情咬死不讓對方翻身，也就是做到這麼絕的時候，常常會出現意想不到的結局來翻盤——因為我們都忘記狗急會跳牆的原理，所以不是兩敗俱傷就是拼到你死我活的地步。

要避免發生這種事，預先就必須知道敵人在意的是什麼，最不想讓人觸碰到的界線在哪裡，這樣至少不會因為需要顧及到這些事而奮起反擊，接下來你要怎樣坑殺對方，就各憑本事了。

罵人時，不會把對方父母也加進去

我們常說「國罵、國罵」，罵的就是台灣人最耳熟能詳的髒話，但是這些話裡有沒有夾帶著個人的情緒就不得而知了。在無風無雨天下太平的職場裡，沒有人會無緣無故的當場發飆，但是一旦壞情緒累積下來的人，那就像是個不定時炸彈般，等著無辜的人們去踩到。

人一定會有情緒存在，所以才會有著宣洩的本能。人類最直接發揮空間就是「語言」，語言裡又有分成有意和無意，就字面的字來說，有意自然就是「我不爽的時候想罵人」，無意就是「我很爽的時候不小心罵到人」。

以台灣人罵髒話的比率來說，那跟吃飯喝水一樣頻繁，簡直已經昇華成日常生活中的語助詞（美國和日本也差不多，一個是雪特一個巴給雅囉，每個民族都嘛一樣），所以才要特別的小心語助詞的應用，別突然一個興起就「插誰爹」、「插誰娘」，所謂的說者無意聽者有意，請三思，因爲這會讓對方卯起來跟你拼命。所以當自己開始情緒化的時候，就必須避免用這類的言詞來問候別人的爸爸媽媽，才是上上策。

以上兩點是我們常常會面臨到的事情，尤其是人口密集的台灣，不僅是在職場上會遇到這種八字不合的對象，搞不好住家附近的鄰居、遠房親戚（別說家門不幸，這在全世界常常發生）還是好友變仇人等等……非到必要時，實在不要做的太絕，留一點後路給別人走，就算有深仇大恨也要秉持著冤有仇債有主的觀念，不要抱著寧可錯殺也要負天下人的心態，這樣做一定對你更有幫助！

加倍奉還法則：

人生中一定會遇到那種讓你恨之入骨的人出現，尤其是當我們「得償所望」報了一箭之仇後，是否能夠及時收住那致命一擊的手，有些動作不僅是畫蛇添足外，反而還會落人話柄給人起死回生的機會。

13. 做事情的標準最好是學會「ㄋㄧㄠ」一下

現在很多年輕人做事都喜歡馬馬虎虎的過去，不管是技術性的還是學術性的工作，都抱著走馬看花的心態，從不多花那一點時間在別人認爲會注意的地方上。所以這章節要教大家如何去「ㄋㄧㄠ」一下自己的成品或者是你平常沒注意到的小細節！

首先，先來看看《半澤直樹》裡，讓我滿敬佩又喜歡的角色——「黑崎檢察官」。

所謂的敬佩，不外乎是他那種嫉惡如仇的個性，加上那如同超級電腦般精算的頭腦，然後配合著那賤到不行的嘴臉和談吐……當然，我不是一個變態，性向也正常，之所以喜歡這種性格，是在於以下列出要項：

（一）很娘，娘到爆錶。媽的！這種陰柔險詐的個性不去做壞人，實在是浪費了上天給的天賦。

（二）很賤，嘴真的賤。媽的！這種臭嘴竟然可以在這個逢迎拍馬的社會裡存活下去，實在是個奇蹟（雖然知道是電視劇，但還是佩服啊！）。

（三）很精，比猴還精。媽的！那精確的數字和頭腦只有拍電影才會出現，現實生活中有沒有這種人？我想絕對有的！不相信的話，請各位比照自己職場裡的大老闆就知道我有沒有唬爛你們了！

光這三點就讓人覺得這角色太棒了！職場上能跟這種人成為伙伴的話，簡直就是拿到進入人生勝利組的機票了！接下來一定會有問，為什麼這個整天只會抓別人小雞雞的變態檢察官，會在職場上給人安定又開紅盤的功用呢？這就是我開始要講的重點……

他夠「ㄋㄧㄠ」！不是娘，請大家從頭清楚的跟著注音符號唸一次後，我們開始介紹這個注意的涵意。首先「ㄋㄧㄠ」是個台語發音，意思就是說人龜毛、吹毛求疵、挑三揀四。黑崎檢察官就是具備了現在人所缺乏的這種性格，所以大家才必須開始學習，而且用在職場上只會有百利而無一害的神招！

說神招也不是我在這邊自吹自擂，提個案例：

我幹過米蟲志願役這段往事，不需廢話大家也不用翻回頭頁去找，現在就直接切入主題「當兵真他媽的閒」，當然所謂的「閒」，不是那種國防部、司令部還是高司單位的那種「閒閒沒事幹，督導當吃飯」的爽差事，泡泡星星滿天飛，連個剛到舖的二兵都可以跩到媲美五星上將麥克阿瑟一樣。

這裡講的「閒」，是因爲明明一個實兵單位卻只會督導無關打戰訓練的屁事：什麼營區落葉太多、房舍裡不得見到油漆剝落、辦伙單位的菜色要均衡（看似正常，結果竟然說是菜的「顏色」不能都一樣……媽的！當吃外面的自助餐啊？）等等莫名其妙的缺失督導……

這種問題是不是像個神經病般的沒事找事做？我可以告訴你，這就是現在人所欠缺的「ㄋㄧㄠ」事情的能力，未雨綢繆講的就是這種打預防針的效果，但是剛才提到的軍人們不適用這種規則，畢竟有些真的太瞎也太扯了，連退伍已久的我現在想起來，不愧被稱為黑幕重重做事蠢到爆的國軍online！當然，很多啼笑皆非的政策都是高層弄出來的，怪不得外人這麼喜歡高標準來檢視國軍。

先把軍人那些莫名其妙的死人頭擺一邊去，再來看看這件案例帶給我們的啟示——「看到別人看不到的缺失，想到別人想不到的過錯」。

這句話看起來很有道理，但說起來也不過就是雞蛋裡挑骨頭，有什麼好參考依據的？確實，在日常生活中出現這種事還真的會讓人抓狂，但我們可以利用在職場上，如：工廠輸送帶上的品管員、辦公室裡的文書作業、想破頭終於生出來的設計案……等等，這都需要細心檢查的地方。但往往會碰到一個問題，就是成品出來了才發現缺失的存在，這時候開檢討會還是懲處罰錢也於事無補，而且傷了和氣也失了團結。

這裡教導大家如何使用「相互督導」法則。首先要先了解公司現有的體制在哪個步驟裡可以讓大家好好慢下來檢查一下，因爲有些機車老闆只要求速度不要求品質，所以事後產品出包，老闆們也只會秋後算帳不問過程如何，所以要避免這種事的發生，哪個環節是產品完成度最高的地方，也就是我們要檢查的重點。

再來呢，就是檢查的訣竅。職場上很多主管和員工都常常犯了一個錯誤，就是自己做出來的東西自己檢查，殊不知道人類的大腦裡有個「盲點」，那就是主觀意識認爲是對的、長久做過的東西就默認這沒錯的理論，才導致前面做白工事後還要加班趕夜工的補救，浪費時間也浪費金錢。所以現在要做的「相互督導」，就是利用職員和職員之間交叉檢查成品，尤其是感情越不好的，越要把他們擺在一起。然後硬性規定一定要檢查出多少缺失（是幾項就自己訂，當然是越多越好，理由後面再說），規則訂定好了執行下去後，大家就會發現無中生有找缺失是一件非常困難的事，尤其是成品完美無瑕怎樣都挑不出毛病的時候，就會出現那種看似無關痛癢的答案：商品觸感不錯就是滑了點、包裝上的顏色稍微更換一下更好、這文案上的文句稍有不通順或是加點字會更完美、味道偏鹹偏重可以加點清淡氣味才好吃……這些像是硬擠出來的缺失，有時候卻是最好的特效藥，也可以讓大家對於所謂的合格標準更加重視。

最後，要提到的是爲何要硬性規定非得要檢查出缺失，是不是要那麼強人所難的態度還有語氣就因人而異了，沒有人規定做這種事就一定要扮黑臉當壞人才能來執行，當作一種獎勵遊戲也是可行的。還有強制要人生出N條缺失這個部分，也是要讓現在的人學會「凡事盡力做，事後補救少」的心態，總比後面發現缺失才在那邊該該叫的話，也沒有人會來同情你的！

加倍奉還法則：

以前在學校裡，一定有所謂的機車老師、機歪訓導主任……等等很靠北的管教人員存在，但是現在回想起來總覺得出來社會後，要那麼用心良苦告訴你做錯地方的人，已經少之又少了，取而代之的只剩下等你出包後，準備笑你還是幹掉你的心機職場生涯。

所以，身邊有個很「ㄋㄧㄠ」的親朋好友存在，可別嫌別人囉唆啊！這種人有可能是在替你改掉壞習慣也說不定喔！

14. 用氣勢為你職場增添不一樣的光彩

講到氣勢，有概念的人一定會聯想到背後有光或者冒著水蒸汽和火焰的特效，但這裡所講的不是那種怪力亂神、宋八粒宋九粒的那種詐財技巧，所以先來提個劇情的惡人角色——「小木曾次長」。

爲什麼要提到這個死魚眼、嘴歪又禿頭的男人呢？這道理很簡單，因爲他擁有我們這章所要學習的特色，就是以「氣勢」來讓自己更好做事。

先回想一下這個小木曾次長出場的時候，就是主角、渡真利和近藤三個人喝酒的時候，近藤因壓力大出現了異常焦慮如同發酒瘋的大喊，回顧那個受辱的畫面，才讓觀眾知道小木曾次長如何折磨毫無業績的同事……還有一幕就是主角半澤正被淺野分行長陷害如同緊急展開的裁量臨店檢查時，他在調查當中不斷拍桌想讓主角產生恐懼加上煩躁，迫使做出扣分的舉動……

想當然，在現實生活中，要想讓人拍桌幹譙的話，通常只要在職場裡擺爛一個月，包准你可以聽到。但是現在要教大家的，不是如何使上司生氣，而是要學著類似的「氣勢」利用，讓自己的工作起來更加得心應手。

第一，找出對自己最有利的武器

拍桌製造聲響，是一件滿有特色的武器，但不是每個人都管用，而且敲久了手也會痛，實在不適合正常人去幹。如何找出自己最擅長的東西，這就要靠自己回想一下「做哪些事的時候，掌聲得到最多的」，那就是你的武器。

舉例說明的話，就是有些人適合用「聲音」來壯氣勢，突如其來的大吼飆高音，這些一定會在ＫＴＶ裡得到證實，所以吼人就是你的武器。但是要怎樣應用呢?可以比照《牛》片裡的主角，在談判中得到優勢的時候，我們突然的大吼要對方給出答案還是糾正對手的錯，這時就能擾亂對方的情緒和思考邏輯。當然，我說過了，不是每個人都適用這種技巧的，尤其是聲音不夠宏亮也沒有殺氣的話，只會換來反效果罷了!

另外一種就是「長相」，有些人就是靠臉吃飯的，當然這裡所指的不是好萊塢那種姣好面貌的演員，而是那種天生只能詮釋壞人角色的人，長的兇惡不是你爸爸媽媽的錯，而是有它存在的目地——嚇唬人。聽到這種結果可不要難過的鑽棉被偷哭啊，因爲帥哥美女要演壞人的角色總是要破相演出，你卻不用!所以要如何善加利用這先天的優勢，就是你必學的課程之一。

再來就是「人脈」，喜歡廣結善緣的人，通常不是個性海派，不然就是樂觀說話幽默的人居多。擁有這個先天上的優勢，就連說話不自覺的都會充滿了幹勁和火力，這來自「人多說話就是大聲」的道理，所以靠這種類型吃飯的人，不用特別去搞什麼花樣，光說話就可以噴死對方了!

第二，想出對自己最可行的方法

贏在訊息、有理才敢大聲是基本常識，不然什麼都沒有還敢大小聲的話，不就只是個虛張聲勢的草包嗎？想讓自己壯膽不一定要靠人，我們可以在訊息獲得上贏回足夠的籌碼，當然說這些會比較籠統，所以舉例的來說：A和B較量一個月賣保單的數量和簽單後的金額，一開始大家都是平等的，沒有誰先偷跑誰有靠山，A靠的是穩紮穩打每天準時上班、勤跑陌生環境開發客戶；B覺得與其浪費時間在那裡亂槍打鳥，不如投資在訊息掌握上，所以一旦下手就是要勢在必行、百分之百成功才會出動。

最後A贏了，這時候一定會有讀者靠腰的問說B沒事鋪陳那麼長要幹嘛，還不是輸！

當然，以一個月的比較來說，穩紮穩打的戰術當然會比較好賺，不過保守的代價就是緩慢成長，B的話就比較類似長期投資，需要長時間才會有投資報酬率。所以我要說的是，訊息獲得量越多的人才會有優勢，明知道比賽只有一個月的準備時間，還去搞什麼長遠投資策略，這不是笨蛋嗎？

就好比一些人同樣做一件事，有些人會想到好幾條結局和結果，有些人卻永遠只會一條康莊大道理論法則，完全沒預想到失敗後有沒有其他替代方案，所以才會事後想破頭來補坑。這道理用在兩人爭鋒相對的時候更加明顯，因爲別人永遠有台階可下、有理由可填塞，那如同打不死的小強一樣，你要怎樣才能贏得了對方？

第三，做出對自己最有利的判斷

《半》劇情中，主角爲了引蛇出洞，索性斷了自己的生路，和八掛雜誌的狗仔編輯打交道，這也不失一個明確的決定，反而讓半澤直樹掌握了最有利的情報。

在現實社會裡，有人肯讓自己身處在危險之中來擺脫更大的危機嗎？這樣說或許你會懵懵懂懂，但是講到一個身揹千萬債務還硬要去借高利貸去買大樂透的人，大家一定就會有了那種急迫性孤注一擲的畫面出現。

但有人會去做嗎？我想，台灣人有百分之九十九點九的人都會去做，我堅信著人已經退無可退一無所有的時候，比誰都還想要連本帶利賺回來，所以有夢最美，希望有沒有相隨就不是那麼重要了。

回歸正題，在第一時間和時機判斷事情的對或錯、要或不要，本來就不是一件容易的事，但我們絕對要想到的是自身的利益爲優先考量，因爲人不爲己天誅地滅，現在的人還能有無私奉獻不貪功的精神，可能要到火星去找才有可能。（當然有假道學的人會說自己做大愛的，但是這些人不是圖個名留青史不然就是得到認同或者贖罪做功德等等理由，但這跟完完全全沒有任何私心來說，比一萬光年還差的遠！）

現在來舉幾個何謂對自己有利的判斷：

（一）老闆或上司問你這案子誰能接：有利就接，無利還虧本就推給仇人不然就裝死，除非你想捧LP的話就接吧。

（二）朋友找你借錢：絕對會還的就借，有機率或者根本不會還的就什麼都別談，除非你不想要這個朋友的話就借吧。

（三）陌生人跟你搭訕：自認萬人迷就回應，不理會的走過，一定沒好事八成是推銷東西的，除非你想要買又貴又沒用的愛心筆還是保養品。

以上的判斷問與答，事實在日常生活中常常會遇見，舉這些例子只是想證明給讀者知道這些必須先預設好的狀況，再做下一步的回應。總之就是要選擇對自己有利方向就對了！

加倍奉還法則：

大家是否有過這種經驗，就是打開電視看著新聞上形形色色的人物，有些

人説起話來就是特別有POWER，有些人就是畏畏縮縮講話還會結巴。那代表著未經訓練所發出來的氣勢就是矮人一截，尤其是拿捏不到自己平常説話的習慣，硬要改變一下的引用些成語還是流行性話題，才會導致説錯話被人斷章取義或者成為別人茶餘飯後恥笑的對象。所以除了瞭解自己説話習慣，學會如何營造自己的氣勢，也能使你在人際還是職場拼鬥上更加地如魚得水！

15. 家有賢內助，事業有保固

縱觀現在的社會裡，有多少適婚的男男女女談到婚約都避之危恐不及，搞不好寧願在家當一個禁慾男女好過進到婚姻墳場。細數結婚後有什麼好處的話，那大概十根手指頭都說的出來；反觀說到結婚的壞處可能說到天黑都講不完，尤其是那五大理由：

（一）沒自由。

（二）N年後要忍受新鮮感全失的痛苦。

（三）與雙方父母的磨合。

（四）生育問題。

（五）金錢的支出。

光是這五點就可以打退一堆看了偶像劇還是韓劇就想結婚的呆子，而且有了家庭後，更不可能隨時變動自己的職業，因爲突然沒了工作，哪一方就少了賺錢的責任感，所以個性就會變成只會忍氣吞聲又沒用的近藤先生了！

雖然缺點那麼多，可是基於本章節要介紹婚後的好處，所以就稍微少講了幾句。一定有人會問既然結婚那麼痛苦了，那幹嘛還去犯賤沾了一身腥？那是因爲現在要講的是剩下來那十根手指頭的好處，SO就先看完此章吧！

第一點：有了固定的性生活

婚前你是怎樣的糜爛嘗試多種口味，婚後你就不能亂搞了，除非你想離婚或者像是某明星事後再來找全世界男人（也可以是女人，爲了性別平等嘛！）都會犯錯的藉口。

不過這點是優大於劣，因爲不用再浪費錢招妓或者養條聽話的小狼犬，這是個可喜可賀的事情，而且固定的性伴侶也可以減少染性病的機會，光是這一點就讓還沒結婚的人心動了！

第二點：多個人支出家庭開銷

先屏除另一半有可能不會去工作的可能性，通常在台灣這個薪資結構低迷的狀況下，雙薪家庭幾乎是佔了百分之九十九，家財不是萬貫也沒有平白無故中了樂透，兩人工作維持生計是很稀鬆平常的事。

總之，不管婚後買房子、生孩子或者玩樂基金，都是兩個人要互相分配和分擔的，而且只要肯省吃儉用，以正常角度來說，兩個人去投資一件事一定比一個人單打獨鬥還要快。

第三點：終於有機會傳宗接代

生孩子就生孩子，什麼叫作有機會呢？現代的人因爲景氣不好，要不要生孩子就是件痛苦的事，再加上有些夫妻只想要好好品嚐兩人世界或者是同性結婚和生育上困難等等特殊的原因。

撇開上面問題後，結婚傳宗接代就是天經地義的事情，就算你不做另一半也會逼你做，再不行也會有雙方家長擺臉色明暗示，總之，在現行的教育體制下——「結婚＝生小孩」的觀念已經根深蒂固，不生搞不好別人還會以爲你們是不是有性功能障礙還是家庭失和！

第四點：責任必須相互來承擔

貧賤夫妻百事哀，反觀現在有錢人的婚姻價值變化太大了，新聞上常常播著某位明星、模特兒嫁給富豪、小開的時候，這時候我就會開始猜測這種廉價的婚姻大概只能維持兩、三年就會離婚了，當然不是每對夫妻都會預測到，不過也有七、八成。

爲什麼數據會那麼驚人呢？因爲沒錢的夫妻通常聚多離少，去外面開銷一定會想辦法避免，出事的時候還有另一半可以依靠打氣；相對地，爲什麼電視裡的明星嫁入豪門看似如此的風光，最後卻總是不堪的打著離婚訴訟，要贍養費要到不顧昔日在鏡頭前的溫柔賢淑模樣，活像是個潑婦罵街的比比皆是。

這種反差的理由不外乎就是價值觀的問題，話說進豪門壓力大規距多，那就像古代皇帝納妃納妾所建立的後宮一樣，禮數可不像市井小民般的自由自在。再來最有可能的就是雙方認知上的問題，一般來說這段婚姻若不是相互扶持吃苦創業上來的話，那有事業有錢的一方通常較爲強勢且不會體貼對方，因爲那些他擁有的富貴並不是跟你一起打拼來的，所以奉勸各位不一定要嫁入豪門或是娶個富婆，除非你表明就是爲了錢，不然那段婚姻以正常角度來講，絕對很難開花結果到圓滿結束。

第五點：絕對是為你好的意見

有的朋友結婚後，總會抱怨另一半管太多，應該說是不想要對方干涉到工作上的事情。理由不外乎就是「不懂裝懂」、「踩到痛處不自知」、「害怕另一半能力比我強」、「怕對方擔心」等等，但是自己有想過，多聽取來自不同地方的意見，絕對會比自己一個獨自奮鬥好太多了！

再來，囉嗦是一件好事，代表著「在乎」的心態，如果有一天，你的另一半對你不理不睬，一天對話不到兩、三句的畫面出現，光想就覺得很可怕啊！

以上這五點已經道盡結婚的好處了，所以回想《半》劇裡，那一個料理能力超強、把家裡打掃的一塵不染加上喜歡幫丈夫分憂解勞的女主角「花醬」。這種有旺夫功能的女性，也的確是結婚的好對象（應該說所有男性夢寐已求的家庭主婦），除了在家恪守本分外，還會處處爲主角打理事業的問題……

當然，我們不能因爲戲劇這種刻板印象，就把擇偶條件附加這種純屬劇本的溫柔賢淑效果給加進去，這不僅僅會讓你「絕後」，而且還會讓人覺得你眼光太高、要求的太無理取鬧了。總之，家有賢內助必定也要有個好老公才能調教出來，畢竟這種需要兩人之間默契的配合，而不是單方面說做就行。

看完以上問題，有沒有使你對婚姻更加憧憬呢？

加倍奉還法則：

對有家庭的人來說，能在事業上無憂無慮毫無掛心的拼事業，唯有與另一半互相的尊重，在家裡不分誰與誰該負責任的地方，才是保持和平美滿的象徵。當然，這些言論適合準備結婚或是已經結婚的男男女女，而那種不想結婚的人，你們的好處就是把上面所提的項目換個角度來看，你會發現……原來世界是這麼地美好……（別痛毆我啊！）

16. 整天滑手機，職場之路也像是溜滑梯

以前在我那個年代（沒很老啦！七開頭而已），「低頭族」是用來嘲笑那種只會看書、看漫畫、看雜誌到忘我境界，連過馬路都不忘翻個幾頁的人。隨著時代的變遷，「低頭族」已經成了那種整天在你面前滑智慧型手機的代名詞了。

想當初剛退伍的時候，那種滑來滑去的手機正夯到不行，所以只好也爲了不想與社會脫節的爛藉口而買了一隻XXX的手機，而且還號稱業界目前最大的螢幕，是真是假我是沒去研究，總之那賣手機的業務員講個天花亂墜我也沒仔細聽，當時就只想把軍中用五年的陽春手機淘汰掉而已，有什麼功能我真的不在

乎……

不過老實說，我還真的跟一般市井小民一樣，動不動就拿出來滑一下，就連開車都不忘低著頭劃圈圈叉叉（本人駕駛技術太強，小朋友別亂學啊！），反正維持了那一個多月糜爛的手機生活後，有一天無風無雨的日子就像是被雷劈到般的醒了過來，想著自己到底在衝啥，整天玩到腰痠背痛不說，脖子也像是被保齡球K到般的痛到不行，後來我戒了（什麼爛理由……）。

總之，我開始對周遭的朋友洗腦。首先，對常常聚餐的朋友們下了戰帖——誰在吃飯當中拿出手機在那邊滑的時候（撥接電話不算），誰就請客。當然，就這樣我免費賺到了一餐，因爲我連網路都停了，就是想完完全全的讓這種習慣消失在外太空裡，而且也開始對那種會邊把注意力放在滑手機上邊跟你講話的朋友曉以大義，那內容不外乎的都是一些三言絕句、死屍級的讚美，因爲礙於「恥」度有限，所以就任憑大家想像。

好了，接下來要開始談論一個重點：爲什麼人們整天用智慧手機，頭腦也沒有變比較好呢？

道理很簡單，《半澤直樹》的劇情裡也有提到這段，科技再怎麼發達，人性就是永遠不可能單憑數據來說話，而且人們常常做到表面光鮮亮麗，搞不好其實臉皮底下有著骯髒齷齪的性格。

但是爲什麼依賴智慧型手機的人，反而越來越多，多到那種每每開車一公里都會差點A到那種只會低頭滑手機過馬路的白目。所以我手邊有些數據可以知道大家到底都在滑什麼：

（一）玩電動，遊戲真的很多（不說你也知道），尤其是那種夯到不行的免費遊戲，簡直就把掌上型的PSP、NDS給打趴在地上。

（二）FB、部落格還是網誌記實，一刻也不想浪費，走到哪就PO到哪，已經到了走火入魔的地步。

（三）自拍自嗨照片，每每遇到難過想哭就拍低胸、濃妝豔抹討那種不知是真討同情還是釣凱子的照「騙」，不然就是專情假文青的故事配上酷酷帥照騙個「讚」。

（四）聊LINE、SKYPE不然就是RC，只要是用嘴的都還好，但是換到要低頭「滑字」的，就屬這種型態是最危險的，通常注意都放在筆劃上……

（五）看影片，要不就是Youtube不然就是其他「知名線上影視網站」等等（礙於著作權法，所以這些就心知肚明吧！）。

根據以上的特徵，讀者中了多少彈？說真的，這只是輕微智慧手機患者常犯的事，接下來才是我所要講的核心問題——「你一天花多少時間在手機上？」

這不僅是現代最令人詬病的地方，也是職場上競爭力的一大隱憂。因爲玩手機的時間長，自然就不會把工作擺在心上，所以造成事情做不完、業績達不到，因爲成績跟工作態度不好而被辭退的時有所聞。

現在的人把智慧型手機看的太神了，好像每一件每一樣就連摳小指頭的那種鎖事都要出個什麼死人骨頭APP，搞的人們越來越懶，越來越不想動頭腦去想，就連人際關係都只靠手機網路的通訊軟體「見面聊天」，所以友情也越來越廉價，便宜到只會「安安你好，晚安請早」然後加個莫名其妙的圖案造型就完成今天交心的額度，到最後可能連實際見面都省下來了（這可是我親身經歷的慘事，辦同學會永遠在網路上都是全員到齊，真的出來聚餐就只剩小貓兩、三隻……）

當然，批評完了缺點，也無法避免人們去接觸到這類的電子產品，只能多少以利害關係爲讀者們做些分析，所以科技可以帶來幸福，也能顛覆你的日常生活作息。

最後……奉勸大家還是少滑手機多看我的書比較實在（笑）。

加倍奉還法則：

活在資訊流動非常快速的世界，不免會接觸到許多新奇又特別的產品，雖

然好用但是價錢也不斐而且還會成隱，但是又有什麼方法能戒掉這種壞習慣呢？剁掉手指頭？別傻了，又不是拍黑道電影。我們能做就是找其他有益的興趣來慢慢取代整天低頭滑手機的時間，比如說是琴棋詩畫還是吹吹簫都可以……總之每個人都有自己所喜歡的事，只要不當低頭族其他的事都可以慢慢培養，最後你就會發現滑手機只是當初一窩蜂的熱潮，就像我現在只是把「它」當成高級的鬧鐘罷了。

17. 派系鬥爭請靠邊站

打開電視翻開雜誌，會發現黨政鬥爭常常見報一點也不奇怪，因爲關係到利益和權力所以不得不鬥，但是應用在職場上的話，就稱爲「同盟陣線」。但是以帳面的文字來說，大家一定會認爲這絕對如同織田信長和德川家康戰國時代的盟約般（註），就可以安心拓展事業的版圖或是進攻高階職位的好時機，卻忘記了人心有時比翻書還快，今天跟你同盟的戰友可能明天就突然跟你爭鬥拼的你死我活。

註：日本戰國時代同盟後見勢毀約倒戈猶如家常便飯，但是家康到信長死

前都沒有屏棄同盟約定，不管是否有其他隱情，確實是難能可貴的一種現象。

《半澤直樹》裡，只要有眼睛的人，都不難發現裡面分成了兩大派系，也就是兩個合併銀行的高層主管們存在著內鬥爭權問題，在往下又細分主管們直屬部下所養的「狗」，而「狗」也有地盤和食物要爭的方面。當然，偉大的英雄主角也有他所有的同盟戰友，除了二位同期的就屬他的部下們與其並肩作戰，不過依照劇情的走向，也預見了所謂的戰友也是會猶豫也是會選擇背叛，畢竟要對付的是他們覺得一生也到不了的職位——分行長。

回到主題，「派系鬥爭請選邊站」。選邊的意思可不是要你選擇有利的一方去投靠或者相信正義必勝而選擇幫助弱者，而是要你乖乖的站在旁邊看他們自己去鬥去互相殘殺，可不要自以爲很行的去介入調解什麼的，這樣反而會死更慘。

接下來對於這種問題，我就以軍中長官們鬥爭的故事稍微改編一下在職場生活來爲大家解答：

威慶是個剛入社會的菜鳥小職員，什麼都不懂天真無邪的想法進了這家號稱錢多事少離家近，還有人權和地位的公司裡工作著。但是他漸漸發現一個奇特的現象，就是員工都會選擇要聽誰的才會肯做事，不然就是擺爛挖洞給對方跳，完全不管誰有理誰有錯。經過資深員工的指點，威慶才初步瞭解到這家公司裡有兩個最大的派系，一個是從外國空降回來的經理，一個是從小員工熬出頭的經理，有著主內主外之分，這兩位也是總裁的左右手，也就是因爲誰的成績越好就越有可能成爲下一任的接班人，所以常常你幹我的馬，我抽你的車，爭鬥的非常激烈。

而那位指點威慶的資深員工當然是挺一起拼上來的資深經理，也順水推舟的要他過來站在同陣線裡，這樣才有更多的好處可撈。但是他們的對話被對手們聽到，也就是支持另一個經理的員工。他趁下班約了威慶出來吃個飯，然後跟他曉以大義的說明那位空降經理是總裁的親戚，就算對手再怎樣出招，最後那張總裁真皮大座一定是囊中之物，何不投械到這裡來呢？

經過這次評估，威慶原本也打算站在空降經理這個陣線，但是他想想還是多蒐集一下資訊再決定好了，畢竟自己是個菜鳥，遇到這種派系鬥爭還可以裝傻帶過，不然就是誰也不挺，安安分分的賺人生第一桶金比較實在。

半年後，空降經理就倒台了，因爲被資深對手栽贓鬥倒，所以就算有親戚關係，總裁也要堵悠悠之口而忍痛辭退了他。最後，就是資深經理來個百倍奉還的時間，一一的肅清反抗他的人，威慶看著跟他同期進來的同事因爲跟著搞起鬨對立，所以也被逼退了，只剩他自己無憂無慮，反正自己又不在乎職位如何，對於這種賭博式的職場生涯沒什麼興趣。這種人也是在職場裡活的最久的。

故事的最後還想補充一種人，就是兩邊討好，兩邊互相倒戈的人，這種人絕對是升到總裁的不二人選，讀者們也別意外，這就是跟政治人物一樣……

看完以上的小故事，你是否在公司裡也是有以上的煩惱或者已經待在那個所謂的利益並稱的「同盟陣線」呢？在這邊勸你們趕快著手調查一下以上所說的要項，沒有百分之百勝利的戰爭不要去參與，除非你有戰敗切腹的準備，不然淌這渾水通常是不會有多好的下場。

再來要說的「內鬥」不僅是主管、員工互鬥，還有集合所有員工們鬥長官鬥老闆的，那就是所謂的造反現象，也就是要間接的批評老闆不加薪、主管們太自私而組成的員工同盟陣線，這種的盟約成立的快死的也很快，因爲老闆只要收買其中一個人不然就是殺無赦斬立決，順勢就可以瓦解這種團隊，誰叫人家是BOSS啊！所以，千萬要記得，要鬥就鬥員工、鬥主管、鬥你家的狗你家的貓，就是不要鬥老闆，除非你不想幹了（笑）。

加倍奉還法則：

不爭比能爭的有福多了，而且撿現成的遠比那些鬥的你死我活的人來說，真的才是聰明人做法，況且爭來爭去不就為利益和權力嗎？這個世道就是這樣，

今天你幫他鬥垮一個人，明天就他找人來鬥垮你，很黑暗很現實對不對？

「不要隨便加入別人的戰局」這是我一直以來的行事風格，尤其沒有百分百撈到好處的事情，任何時候都要優先想清楚再行動，不要隨便被三言兩語哄騙就跟著搞鬥爭。請記住老闆嘴裡都會說「員工要和平相處」，其實都會暗中埋下同事之間的心結炸彈，這樣做不會產生炮口一致的情形發生。如果不想成為老闆利用互相鬥爭來換取競爭力的棋子，不妨就靜靜的做好分內的工作，什麼派系都別參加，自然無事一身輕。

18. 不能跟紅人計較豁免權

在職場上，大家對「紅人」這種說法通常都抱持著敵意的態度，就好比賤人就是矯情一樣（不好意思，劇情跑錯棚了），《半澤直樹》中的難纏敵人背後一定會有更混蛋更機車的大魔王支撐著，而且都知道彼此之間在做些什麼，所以同陣線的黑心集團之間就存在著「默許」的事情發生。也就是說，讓半澤背黑鍋的來讓自己中飽私囊手法，大家都是心照不宣的，只因爲你是我身邊的紅人如此而已。

翻開職場心酸回憶來看，不免都會遇到過老闆上司特別偏心某位員工，而且袒護的莫名其妙，簡直就是讓人巴不得當著他的面幹譙幾聲。但大家有想過自己有什麼能力被老闆信任，進而對你犯的小錯睜隻眼閉隻眼的帶過嗎？

什麼突出能力都沒有？那你還抱怨個屁啊！因為眼紅造就了心理不平衡，所以看不慣別人因成績賺到了一點點甜頭，所以開始做出毀謗中傷之類的做法……老實說，我非常欣賞這種人，因為你終於發現為了生存就要有所行動，總比只會耍嘴皮子抱怨卻沒有做為的人好太多了！但是這章節並不是討論要不要主動攻擊來換取生存機會，而是要說一個老梗的小故事給大家知道。

從前從前，有隻鴨子非常非常的醜，醜到連人類都不想拿牠來做鴨料理，就連哥哥、姊姊們都鄙視牠的外表，鴨父親也懷疑鴨媽媽給牠戴綠帽；而鴨媽媽則懷疑鴨爸爸整過型，總之就是沒有鴨想承認自己的錯，所以從小長的醜不拉機全身還泛黃色的小鴨就被戲稱為「醜小鴨」。

看到這裡的讀者可能已經猜到結局這隻小鴨成為萬眾矚目家喻戶曉的「美麗的天鵝」，但是會看這種書的讀者都已經到了「聖誕老公公根本不存在」的年紀，總之劇情不重要，接下來才是我所要說的重點……

醜小鴨因爲父母不愛也不受哥哥姊姊憐憫，所以從小養成任何東西自動退讓給「目前」最受爸爸媽媽青睞的大哥，因爲牠有號稱鴨界愛因斯坦的頭腦，但是身爲牠的弟弟妹妹可不這麼想，所以四處與牠作對，但是此舉反而激怒父母親，鴨爸爸最後忍耐不住索性就把不聽話又愛唱反調的鴨兒女賣給人類做成「薑母鴨」、「東山鴨頭」等等知名食品。雖然中間鴨大哥犯下很多錯誤而導致家道中落，但是仍不改父母對牠的態度，之後醜小鴨除了大哥外，其他的兄弟姊妹都被父母賣給人類成了打牙祭的食物，唯獨牠存活了下來……

原因就是牠從來不跟鴨哥哥比較、裝出比牠們有能力的樣子，所以就自動把牠歸爲毫無競爭家產壓力的對象。也就是因爲發展不受限也不受疼愛鴨大哥的爸爸媽媽迫害，所以醜小鴨就趁此機會發憤圖強的到外國進修，最後竟然衣錦還鄉，還在世界各地巡迴演出，牠就是我們眾所皆知的——「黃色小鴨」……

看完了以上的故事，大家有沒有對這隻紅到發紫、一天到晚都攻佔新聞報紙頭版的生物更加瞭解呢?雖然到現在我還是不瞭解那種從小時候就在浴缸陪伴我洗澡的玩具小鵝,到底是在紅什麼……總之,不管是商人炒作還是類似那種拍完全看不懂才會得獎的藝術片理論,現在要訴說的是別跟紅人計較的概念,因爲人在鋒頭上誰來都阻止不了,更何況是在紅人身邊不得勢的你!

再來,我分析了以下狀況來應對的方式:

(一)得勢的同事可以晚到早退:別用他可以我爲什麼不行的道理跟上司說,因爲你不是他。

(二)得勢的同事拗你做他的活:就做啊,不然你還能怎麼辦?當他的面加倍奉還嗎?

(三)得勢的同事薪水和工作量不成比例:別去比較,就算你做的事再多,他也有你看不到的「勤」的地方。

(四)得勢的同事說話比較大聲:摸摸鼻子就當作他的嗓門比較大,別跟他起爭議，搞不好他在逼你跟他攤牌，可別上當啊！

有沒有發現一個重點，就是不要明著和對方幹起來，你要是不爽就要陰的來暗的，而且要有全身而退還不能讓上司和對方知道的狠毒手段，不然乾脆就忍下來等待時機才是正確做法。

加倍奉還法則：

人有百百款，總是無法避免有些長官上司愛用紅人制度來彰顯「這就是服從我的甜頭」做法而不是就事論事，所以就算心裡百般肚爛到極點，我們還是要想辦法遵守這條遊戲規則。最好的方法就是讓自己成為紅人，然後就可以藉此去改變有這種想法的長官們，不過，前提是當你自己成為紅人後，能否有這種認知和決心呢？

這就要看你自己了。

19. 一針見血掌握會議要領

不管是職場新鮮人或者是職場老將們，都一定有碰到那種動不動就開會的公司，但是美如其名是會議討論，其實是用來檢討批鬥和秋後算帳的時間。大家都知道人不是百分之百的完美，所以一定會犯錯，因爲缺失的部分遭到提出檢討，我想也是非常合理的舉動，但是頻繁都開會議來數落你的過錯場次遠超過你爲公司付出多少而獎勵的場合，實在少之又少；反之獎勵太多的場合，又讓人覺得像直銷公司的表揚大會一樣虛僞且不夠實際。

再者，大家不難發現很多公司開會時間又臭又長，參與人是否跟這次會議主題有沒有關係都不知道，只是自我感覺良好般的認爲策略最好搞到全公司的人都知道，卻忘記了執行者是在於領導主管身上，導致下屬有時自作聰明般的過度解讀。

開會流程最好自己先在心理演練一遍

很多人遇到開會都不會先準備，導致會議頻頻吃螺絲，這時候會議中有人的口才特別好，像是連珠炮的發表自己的意見時，別懷疑，這類的人早就預先做好十幾次心中演練的成果。我可不相信有人天生就是演講高手，本身要說出讓人信服的話術，絕對是後天練習才能達到的境界。

一般普通的人通常都對開會的程序保持著「有問才答」、「照稿照表來操作」，也就是如此才會無法把重點帶給對方，也會無法帶給他人信心。所以，要先利用自己虛擬的想像空間，把會議可能出現的狀況和各種結果演練一次，最好加上應對進退的台詞上去，真正上場的時候就不會突然手忙腳亂，低頭查資料或是有抬頭大眼瞪小眼的事情發生。

開會時間能多短就多短

大家開會最怕的不是麻煩多，而是怕主持者特別多話，尤其是以下場合裡各種最讓人頭痛、抓狂的動作請避免掉，不然可是會讓人特別ＯＳ的。

（一）喜歡話當年勇，什麼八股文都可以講出來教訓別人。

（二）一句話可以重覆很多次，導致會議場上已經出現不耐煩的聲音。

（三）大牌遲到，全部人等他一個。

（四）一邊低頭翻找資料，一邊主持會議，完全沒有事先準備開會的主題，典型的看到哪講到哪。

（五）菸癮特別大，明明會議內容就不多，卻可以分好幾次中斷去哈幾根；不然就是手機響個不停，每次開到一半就被電話打斷，加上回話的時間讓大家坐在位子上枯等。

開會開會越開越不會

開會就是藉由召集幹部或者相關人等進行專業討論和諮詢要項，但就是會有人認爲開會越頻繁就越有效率的主管，別懷疑！我就是有遇過才敢這麼大聲的說。當然，這又要我回憶起那些年當國家米蟲的日子……

話說當年還是個稱職米蟲的時候，有位連長一天可以開三次會以上，而且花費時間通常都是超過一個小時，想想一天只有二十四小時，還要扣掉集合散步（就五查六查啦！怕沒當過兵的不懂所以簡化）、吃飯、睡覺、運動、洗澡、聽長官講古的時間所剩餘下來的空間可以利用……就結果而言，工作效率一定非常不好，而且還會被靠腰也不能找理由，不過外面的職場世界也幾乎時常碰到，只是不會那麼拘謹加上死板，所以相比之下還算合理。

當然，米蟲生活只是題外話，最主要讓大家知道集合大家開會的目地，不外乎是要讓任務執行下去，如果怕大家忘記或者需要補充的地方，其實可以用

「口頭告知」、「書面告知」、「傳達執行者一併告知」等等，不必多開會議浪費時間，也別忘了一天不會有二十五個小時給你用，如何爭取有效率又能完全執行工作，那又是另一篇所要說的主題。

加倍奉還法則：

刻板印象中，會議是個沉悶、慎重、壓力、制式的綜合體，但是為了營運業績和工作效率所以必須去執行。不過並不是所有主持者都要照本宣科的按表操課，有時候多一些巧思和變化，往往能讓冗長又耗精力的會議有著驚人的作用，也會讓聆聽者接收能力更加上升！

20. 領導的決策攸關執行的效率

半澤直樹有一個很厲害的地方，就是對事物感知的敏銳度。尤其是碰到幾天後就要裁量臨店做評比，他們沒日沒夜把原本要一個禮拜的時間趕出來的資料準備的如此完善，那確實是一位好的領導者才能辦到的事情。

當然這麼正規，讀了絕對想睡覺的內容不是我們討論的目標，而是要給大家一個概念：好的領導帶大家上天堂，不好的領導帶大家下地獄。

所謂的好，就是目標確定了，絕不更改。

說到膽固醇酒店的拓也哥，我想無人不知無人不曉吧？（個性是保守派的人就不要去Youtube找了！）現在要談的不是他一天可以做八根那麼厲害的事，也不是來評論他可以用女人都辦不到的高速吸引還是深喉嚨緊縮的吃飯神技，而是在於他對自己專業的態度「絕對要讓你……」的霸氣發言，最後也如約定般的達成目標。當然看完整段話之後，要大家學的僅僅是「絕對」兩個字而已，如果你要學其他的我是不反對。

下達的命令絕對要達成，發出的豪語絕對要執行，達到的目標絕對要做到，只要自己喊出這種指令的時候，我想接收計畫的人就不敢背道而馳，反而還會把你當作學習的目標來看待。

以身作則，別做一個藏鏡人

很多時候人們只會一味的叫人做這個做那個，卻沒有親力親爲的示範一下，也會導致部下或同事們覺得你只是出一張嘴卻毫無本事的人。有句廣告台詞非常貼切「刮別人鬍子之前，先刮刮自己」，因爲們人們都存在著自尊，如果要他放下身段為你做事，就得証明你的能力確實勝他一籌，不然一味的用階級職位壓榨只會造成對方的不滿，轉而想盡辦法報復或者寧願辭職不幹也不想給你指揮。

用甜頭當作誘因，工作事半功倍

說到釣魚大家就會想到用餌來騙魚上鉤，但是那也要有一個前提，就是這個餌是合這條魚的胃口，但是天下魚那麼多，每種魚類的習性不同，慣吃的餌料也是百百款，更何況是人們呢？

不過人類不愧是萬惡之首，不扯什麼原罪的屁話，簡單來說本質就是「現實」兩個字，把錢當作釣餌是最容易的事情，這種辦法大概連小學生都知道，但是台灣的老闆們卻寧願付出最低的價錢，然後再來怪說員工不認真做事。所以要讓工作效率增加的話，就想盡辦法在「錢」的付出上動些手腳，包准你事事手到擒來。

一切都要賞罰分明，身段要硬中帶軟

這種個性剛好和半澤直樹一樣，有福有利和團隊一起共享絕不是自己獨吞；他對於那種負我的人則是狠勁十足，一旦抓到對方把柄就絕對加倍奉還，這在職場上來說就是不藏私，犯錯一切該處罰就罰不會寬待；再來就是收買人心最高招術，就是把對方處罰的一無是處，但又回頭對你雪中送炭，這給人一種這是因爲器重所以嚴厲點如同慈父般愛的處罰一樣。

這種做法可以讓人更盡心盡力的爲你做事，因爲做對有糖吃，做錯雖然會被責罰，但是卻是爲你改正錯誤做法的處罰方式，就像是忠言逆耳一樣的讓人可以接受，也會給人一種跟著你鐵定不會錯的感覺。

加倍奉還法則：

當我們居下位時，總是希望上司可以好一點，可以多體諒一點，而且要幽

默又扛的起責任。反之，當自己立場改變的時候，有幾個人可以變成當初夢裡的那位好上司呢？我就有自己體驗過，應該是完全的失敗，因為位階低只會看得到位階高的「爽」，卻無法正視能力越強責任越重的「累」，所以才會面臨到角色互換卻來個滑鐵盧（重重的跌一跤！），不過人的錯是可以補救的，如果遇到帶領團隊不順遂的，就試試看這此方法吧！

21. 職場勤奮族，回家卻是月光族

我們可以來聊聊近期台灣新生代的年輕人常常有的情況：青春無敵有本錢，撇開謠言戰職場——是老一輩的人開始對七年級草莓族改觀的時候了，因爲原本的溫室植物只要肯培養，也會變成一顆充滿水的椰子（因爲有內『涵』啊！），不過做事歸做事，就算在公司裡當個拼命三郎，回到家就只能足戶不出當宅男。這也延伸出很簡單的道理就是：就是「沒錢」只能枯等發薪日而已，不然誰都想出門見見世面，去國外進進修，找個外國帥哥辣妹「交朋友」。

但是有人會想過這種問題嗎？我想，讀者一定想說也有成功存到一桶金的七年級生啊！爲什麼不說說那些案例等等這些想法，但這只能說是全台灣金字塔端社會裡的一些個案，不代表現在所有的「窮忙族」。

某報章雜誌報導現代年輕人會窮不是沒道理的，因爲不會理財是重點之一，再來就是開源節流的問題是其二，最後才是前面幾章所講的薪水二十幾年原地踏步的問題，直指這三項就是造成年輕人口袋空空的元凶之一。

根據以上的問題，我們先來看看以下的問題齊集輯。

第一要點「我們不是不會理財的年輕人」：

曾經問過一位朋友理財的事情，因爲他是做保險業的。照理來講，整天推銷保單的人來說，他應該對自己生涯的規劃做的非常完善，但是卻對我說，這種行業是所謂的佣金制，談成case才有錢抽成，沒有就要自己喝西北風（這不就是問了有跟沒有的廢話嗎？你偷懶不工作當然就沒錢啊！），不過他也談了一些讓我非常震憾的話——

「你知道我爲什麼要來做保險嗎？」

「因爲你的臉適合做保險？」

「錯！做保險是一種賭博，也就是說，公司下賭注買你不會殘障、車禍、陽萎、突然寫作到一半暴斃……而你買保險就是對公司下賭注，賭的是你可能會殘障、車禍、陽萎、突然寫作到一半暴斃之類的，你懂嗎？」

「……可不可以不要一直提到陽痿？況且我根本不想買你的保單，也不可能對你的公司下賭注，不過你這樣講，我大概知道爲什麼保險公司會一間一間的開……」

「啊不就賺人們怕意外的錢啊！這種道理就像有名的宗廟一樣，真的有神保祐的話，那爲什麼還要捐香油錢？神又花不到對不對？就因爲宗廟也是種賭博，賭的是香客來這求願但是成不成功還是在於『人爲』，神根本就不存在，只是人類精神上的依托而已。所以迷信的人們會把成功歸究於神明的保祐，也就是香油錢的由來。然後你知道宗廟都是哪種人開的嗎？」

「我哪知道！閒閒沒事的人開的吧？」我看著他一直將桌上的保單往我位置推了幾公分，以爲講了幾句漂亮又誠實的話就要我簽保單？

「錯！幾乎都是黑道開的，你知道爲什麼嗎？」

「靠！我哪知道！黑道都閒閒沒事幹吧？」

「錯！黑道也分成三種人。第一種是笨黑道，整天帶小弟跟人打打殺殺收保護費，不然就是圍標政工程藉機分紅，但是往往不是黑吃黑就是被警察抓；第二種是聰明的黑道，用神的名義來欺騙社會大眾，而且他又不犯法也不用繳稅金，還會被迷信的台灣信徒尊奉爲神的代理人；第三種就是最強的黑道，他分一批只想出名的小弟去第一種人的地方幹壞事，然後出資給第二種人到各大宗廟搞活動榨取香油錢，最後自己漂白從政大賺一票後，再逃到美國去享樂。」

「……我怎麼感覺你講這些話的時候還滿熟練的，該不會是遇到每一個客戶都講一遍來博取好感跟信任度吧？」

「沒錯。」他很斬釘截鐵的說。

「真要命！你不會天真地以爲買保險的人都有領良民證吧？」

「……」

「……」

「……也有黑道會買保險？」

「那我也可以跟你說，黑道買保險也有分成三種人。第一種是買保險給自己發生意外後用的；第二種是專門買保險給小弟們用，然後受益人寫自己；第三種就是買保險給受害人用，然後受益人給自己。你的客戶裡一定有大咖的黑道跟你買過保險。」

「……別、別、別管什麼黑道不黑道了，這張投資型保單你看怎麼樣？」

「哈、哈啾！」一團黏稠鼻涕掛在鼻孔上，我隨手拿起保單擤了一會說：

「麥當勞的再生紙巾我用不習慣，太軟了，所以用這個剛剛好。」

「……」

之後的之後，就很久沒跟這位做保險的朋友見面了。或許他被黑道給宰了不然就是認爲我口袋的錢不好騙，所以就沒連絡了……我想，看到這裡的讀者，大概知道我想表達的意思吧？怎麼樣？現在想做哪種人呢？

第二要點「我們不是不會開源節流的年輕人」：

在阿嬤那一代的人都會說現在年輕人真浪費，什麼電腦、電風扇開整天，手機動不動就要充電，天色還沒暗就要開電燈等等的碎碎念。確實，跟老年人那時代的大環境相比，真的是太奢靡了，但是以現代科技來說，這種開銷還算剛好而已，總不能去抓螢火蟲當電燈，養隻飛禽來個千里傳「音」吧？假如要過那樣的生活，就請讓我拍黃金傳說——古代原始人特輯，不然誰想走回頭路過那種天殺的生活？

社會一直在進步是不可否認的事情，但是我們要認清哪個是現在人的基本開銷，哪些是不必要的浪費，還要考慮到現今社會裡必備的娛樂支出，然後才是計算這個月開銷省不省這種問題。當然，說到計算方式，很多人一定都會認爲賺越多就代表支出的範圍越大，但我可以跟你講，這就叫做「薪資比的透支」。

簡單來說，假設一個人每月賺五萬，直到下次領薪水的時候，他總共花了三萬到所有的花費上，留了兩萬當儲蓄，這種叫作有存錢；另外一個人賺十萬，到下次領錢時卻花了八萬，但是他也存二萬當儲蓄，這種算有存到錢嗎？這就要見人見智了。對我來說，這種薪水比率的支出已經算超過容忍的範圍，更何況現在的物價高，加上年輕人的薪資都在二十二K左右徘徊，要拿什麼本錢去儲蓄？拜託，現在動不動吃個魯肉飯都要六十塊了，更不要說一天基本開銷可以壓在兩百元以內，若是辦得到的人，恐怕都是用健康換來的省錢方法！

第三要點「我們不是工作不勤勞的年輕人」

很多老闆抱怨現在年輕人動不動就請假，不然就跳槽不幹，把目前的工作當成驢一樣來看待，永遠都站在老闆背上找尋自己的千里馬般。我只能說，大家都在找適合自己生存的法則，全世界的老闆也是一樣爲自己生存找出路，只是那種形式和格局不太一樣而已，其他的想法就大同小異了。

常常看到電視新聞播報著粗工難招人的消息，然後評論著現在年輕人不願吃苦耐勞做這些電工、木工、黑手、建築工……等工作。我想這有一半是教育部的問題吧？這幾年大學普及率那麼高，學校一間一間的開，誰都知道現在七分就可以上大學，隨便抓個路上的人一問，起碼都是大專以上學歷，然後你再厚臉皮地去問他的父母說「你會讓你家的孩去賣雞排嗎？」，我敢保證絕對會被人轟出來，大學生的學歷你給我去賣雞排，不是讓人看笑話嗎？

但這就這是國人失敗的教育，一窩鋒開放高學歷學校，讓年輕人寧願多花那四、五年讀大學浪費時間，出來連個英文也不會講，卻想著混到一張大學畢業證明工作比較好找。這也就是現在社會的常態，人力銀行打開來清一色都要大學畢業，卻棄之有工作經驗、搞不好一個都可以當兩個用的國、高中職場人，竟被這種門檻刷了下來，我想很多公司不是找不到人，而是找錯方向訂錯標準，抓高處卻抓不到對的人。

再來，粗工的老闆們就更慘，教育把這類工作看成低賤沒學歷的人才去做，因爲唯有會讀書會考試的人才能做輕鬆的事情，這不是我講的，而是現在高學歷教育者搞出來的重文輕武政策，讓原本不是走文科的料，不去好好的走去技職，而是被社會輿論壓力下逼去讀大學，然後花了四年出來，什麼都不是什麼都不會，想降低自己大學學歷回頭做些被評爲「低學歷」的工作，還有可能被長輩們責罵和嘲笑……

除非現在的義務教育體系再下修，學校再多刪減一些，讓真正對文職這方面有興趣的人發展，然後社會回歸那種不重學歷只重經歷的時代，那所謂一般傳統產業才會後繼有人。

最後想告訴大家，工作勤奮不是看年紀，也不是看學歷，而是要給機會，你不試用過你怎麼會知道能不能用?刻板印象也是現在社會大老闆們的通病。還有，別在電視上靠腰找不到人了!有種薪水調高自然就會有人來做，只會以白痴政策弄出來的二十二K爲薪水標準，我看沒多久年輕人都寧願去澳洲宰牛餵豬，也不想留在台灣宰豬餵牛，因爲什麼，我想大家都心知肚明！

加倍奉還法則：

台灣人長久以來的習慣，總是認為做的越多，領的就越多；付出多少就得到多少，但這只是一廂情願的想法，實際上多做額外工作時間的事，都是窮忙，而且是那種高付出低回收的白忙一場。

人一定要有適當的休息和適當的時間娛樂，才能有效率的在工作上發揮，如果一個工作要求的是犧牲這些時間換取金錢的話，那我建議你趕快騎上現在這頭王八驢去找你的好馬吧！別再養大這種老闆的胃口讓自己的社會繼續沉淪下去。

22. 適時製造假象可以讓你職場All Pass

現在什麼東西都假，吃的東西沒幾個是真，用的產品沒幾個合格，就連那些貪官汙吏黑心商人的臉都很「假掰」，但我們爲什麼還要做假？我只能說此假非比假，而是要讓你身在其位不謀其事時，上司跟長官還會認爲你在做事；甚至遇到狡猾同事的陷害，你也能適時藉此全身而退，所謂多學一招少吃一點虧。

說到這招，《半》片裡幾乎每個章節都在做，尤其是黑崎檢察官來行裡查資料的時候，主角們假藉遵從指示地把複印機推進辦公室，讓人不會懷疑你會在這期間做什麼壞事，也就是如此才讓主角錄到黑崎檢察官所查的重點人物；還有一幕也是他們來銀行突擊搜索東田社長的借款資料，主角們表示配合，還被半澤的部下帶去繞遠路，讓主角順利的把資料摸走，而不至於讓東田的不法所得被政府機關凍結。

劇情中人物把假象詮釋的非常完美，那代表著做假不一定都是壞事，而是要看你是否用對地方做對事情。坦白說，我在職場上都被稱學習快，手腳快，進入狀況也快的評語（有看到我抬頭挺胸揚眉吐氣的臉嗎？），重點是製造假象也特別厲害，簡直就是出神入化的技能，鑑於讀者們迫不及待想知道這些招式是什麼，也讓老闆不在家的歡樂同事們不會再摸到大白鯊，所以請仔細記住以下的絕招：

（一）工作先完成，其餘時間你掌握

碰過太多職場人士都喜歡慢慢摸，不知道到底在摸什麼？好像深怕事情提早做完就會被認爲太閒，然後再追加工作似的，所以都是大限將至才把事情趕完成，然後搞的沒時間檢查一遍，錯誤率也高到一個不行。

而我都是按自己步調提早完成，但是我卻不急著交案，是把多餘的時間先安排在下一份工作上，周而復始就多了空間安排自己的時間，可以利用在檢查工作上，不然就是偷閒聊個Skype，也不會內疚而搞得膽顫心驚坐立不安。

（二）摸魚摸蝦要的不是訣竅而是要有但書

摸魚摸多了也會被抓包，這是職場上必然的事情，不然也會有同事看不慣你的摸法，故意去給你打小報告之類的眼紅報復。所以我們需要的就是但書，而這個但書不是阿貓阿狗給的，而是你的老闆上司給的，別懷疑！就是權力越大的人賦予的但書越可靠，但是老闆和上司憑什麼花錢請你還要給你正大光明摸魚的時間？

這時候你需要的是獨一無二的能力，正好是公司團隊所欠缺的東西，所以他們可以睜隻眼閉隻眼默認你的閒餘時間的偷懶，別人卻做不到，主因就是別人無法事事跟你這個獨一無二的比較，因爲你帶公司的利益遠超過這些小雜事。但是這跟紅人捧ＬＰ賣身體是不同的境界，應該說是用能力來換取的信任，說到這個做法就要先吃一番苦頭來熟悉公司的運作，然後比別的同事更加努力地學習著，直到沒人可與你匹敵的時候，那就會使你在公司有某種方面的「無敵時間」。

（三）取得同事信賴來讓你隻手遮天

能力越強的人責任就越重，這是必然的事，但是大家卻只看到壞處，卻沒有想到好處——人情債可是一種比錢收買還好用的東西，有受過你幫助的人，通常腦子裡都會浮現「欠這個人恩情，就算目前還不了，也不能做虧欠他的事出現」，也因爲你多挪出一點時間和力氣發人情債，所以就算大家知道你偷懶摸魚，遠遠看見上司走來都還會給你打個PASS跟你提醒呢！

以上這三點是讓我在各職場上吃香的能力，但一定會有抱持著「爲什麼都要先苦後甘的努力經營，不能一開始就爽爽過錢照領嗎？」，我想可以過到這樣還可以在公司屹立不搖的人大概只剩下富二代、靠爸靠母族才辦得到，不然對一個白手起家從零開始做起的小職員能生存到這樣，已經算是職場界的半澤直樹了，畢竟老闆和上司們還是有容忍的底限，他要什麼時候拆穿你所做的假象可說是易如反掌，可別再得寸進尺，小心翻船啊！

加倍奉還法則：

我們總以為自己玩的把戲夠新穎，卻忘記老闆們當初也是這樣一步一步打上來的（當然要扣除掉那些不靠自身能力坐上老闆位置的人），大家所做的偷懶摸魚的事，搞不好他們都瞭若指掌，只是礙於你本身還有一點利用價值，所以沒有明講；但是當他們嘴裡不饒人的指責你偷閒的時候，這時你就該為自己擔心了……因為老闆眼中的價值是反應在對你的態度上。

現在，你可以好好的觀察一下你的老闆和上司對你犯錯的態度是如何呢？是當作沒看到？還是當場指責給你難堪？或者是當場叫你回家吃自己？這就取決於自己的造化囉！

23. 你要的是職場分身術 還是職場分身「乏」術

很多人看到標題都會以爲是火影忍者裡的特技，但這本書是職場教戰守則並不是動畫漫畫的情節，所以講的絕對不是天方夜譚辦不到的事情。

首先，要知道在職場複製一個完美的自己是不可能的，但有的時候我們卻想要一個能力跟自己相當或者熟知自己業務的人出現，這時你就會想到這招「職場分身術」。

我想又有謎之聲音在問：「何謂職場分身術？」

其實說穿了就是學會帶人，我們絕對不可能每件事每個環節，甚至幹到有頭有臉的時候都還要事事親臨現場，那就叫作「不會帶人，就準備累到死」的潛規則。想想職場的同事們，有可能會一成不變的跟你相處到退休嗎？這種事情還真的比中樂透還難。

我們不可能永遠都是個無憂無慮的小職員，只要做好自己分內工作其他的鎖事完全不用插手。因爲你會隨著待在一個公司越久也會讓老闆開始依賴你，甚至幫你升爲一個領導幹部，而這時候就不是以同樣小職員的邏輯去做事了，而是開始在想「我要如何做，才能輕鬆一點？畢竟我不能再做同樣的事情，因爲還有升級之後必須要做的東西」，會出現這種想法就代表你開始會從一個領導者思考如何分配工作，然後你也會做出像老闆的做法——找一個工作能力像自己的替身來幫你督促工作上的事。

當然以上談的都是理想值，實際真正帶人的手法，就不是三言兩語可以帶過，這時候讀者們就要看看我這位軍旅生涯帶過無數阿兵哥的高手，如何攻略難搞的活老百姓們：

（一）賞罰要分明，千萬不能大小眼

大家常常聽到「爲什麼他就可以……」的抱怨聲音，其實這就是因爲心裡的不平衡所發出抗議手段。但是說穿了，就是工作上的獎勵分配他覺得不公，卻不能明講那塊糖他也有份，只好拐個彎欲言又止的模樣。自己身爲一個領導者，絕對不能因爲舊識還是資歷較老，就特別給他們「殺必斯」的獎賞，而對新來的人就差別待遇。

大家看到這裡有沒有注意到？身爲老闆和上司可以選擇偏袒誰，但是你卻不能這樣做，因爲要知道偏心會讓自己在職場走的步步驚心，深怕哪個部下會跳出來捅你幾刀。不過換作是老闆或上司特別袒護你的話，那就大喇喇接受吧！畢竟死的絕對不是你就好！（記住：人不爲己天誅地滅。）

（二）有福同享，有難自己擔

看到這個只會出現在電影情節的名詞，一定會認爲只有耶穌復活，玉皇大帝降臨才有可能出現的亂七八糟劇情。但是這在我當米蟲的時候卻很好用，因爲你絕對不想要讓一個團隊領時薪八塊錢的天兵出包遭連坐法，當個頭的適時跳出來接炸彈，更可以讓你在部隊更好辦事，因爲兵會聽也會挺。換個角度來看現在的職場，逢場做個戲替下屬收個爛攤子，搞不好還會因爲欠人情的關係，爲你死心踏地的做事，何樂不爲？

這兩招是是用過的人都說讚的帶人方式，然後再加上你不藏私的傾囊相授，很快你就能培養出一個和你不分上下的代理人出現。不過相對的，是不是每個分身都可以頂替上來，這就是你當初看人的眼光對不對了！

以下有個朋友的故事，內容大略是講複製人打爆他的故事（什麼鬼？），總之就看下去就對了！

每個自傳故事裡，都一定有一位死胖子出現在你周遭，而且絕對保證與你非常麻吉的朋友，他就叫作「阿文」。當然，故事不是從那些年開始，而是這今年夏天的某一日……

那時接到他打電話跟我靠北一件衰事（男人對男人只會靠北是很正常的事情）。

「X！我被炒魷魚了！」阿文一如往常的電話問候。

「喔……什麼口味？」那時候我人還在公司，而且還有女性同事在，所以沒辦法跟他幹來幹去，隨便應了幾句話就走出辦公室。

「我說的不是鹹酥雞店的那種啦！」

「X！我知道啦！所以才問你現在是怎樣？要自殺了嗎？」

「怎麼可能，我絕對活的比你還長。」

「……說重點，我還在上班。」

「你知道搞掉我的是誰嗎？」

「不知道。如果要我猜的話，應該就是上次吃飯的時候你所說的副理弄掉你的吧？我記得你說要把副理看上的新來正妹業務助理小姐，結果真的如願了？」

「我們副理才不敢耶！」阿文抽了一口氣說：「是那個新來的正妹業務助理小姐搞掉我的……」

「靠！你不是說這個新人正妹是你負責帶的，怎麼反被別人搞掉？你對她性騷擾喔？算了啦，你既然有吃到對方的豆腐就算扯平了。」

「吃個頭啊！當初我看她是滿單純的女孩子而且又上進，所以幾乎把我會的教她，結果學成之後就完全不把我放在眼裡，所以糾正她幾句，反而哭的跟淚人兒般的跑去找經理那邊捅我一刀，說我事情都不做一直拗她做，然後經理今天就找我和她對質……」

「……結果被她打爆了？」

「是完爆。她把我吃定公司的那一套專業給學走了，所以經理對我的態度一百八十度改變，說什麼別太拗一個新人，畢竟人家很認真在學了，然後那假掰女在一邊淚眼汪汪的哽咽跟著附和，結果搞的像一打二的對質，後來我講什麼話也沒用，索性就不爽的跟經理攤牌……最後就這樣了。」

「好一個鴻門宴，怪你自己太相信對方了，她都深入高層的布好局了你還完全不知道的跳了進去，總之現在就是長相甜美的正妹取代你的位置就是了？」

「取代個頭啊！是篡位！X！實在很不爽，今天出來喝一杯？」

「可以啊。不過我身上只剩喝完酒坐計程車回去的錢。」

「……」

最後阿文什麼也沒說的掛了電話，可能去找下一個朋友取暖了吧？但阿文的事情並不重要，重點是要讓大家知道減少肩頭上的負擔是一件非常簡單的事，只要培養一個能力和自己相當的人才出現就可以，但是我們常常忘記那個人的大腦不是自己的，所以當你發現對方準備取代你的時候，只能幹在心裡口難開的吃悶虧，卻什麼也不能反駁，因爲你對他或者對公司來說，已經沒有「利用價值」了！

帶個人不難，帶個可以幫自己做事的人更簡單，但是帶到一個會取代自己的人，就該小心了。回歸一句話：防人之心不可無。

加倍奉還法則：

當身處在一個弱肉強食的社會裡，有時為了輕鬆一點，所以學會帶個人來分擔自己的工作，最好那個人學到像自己的分身一樣，這樣就更輕鬆愜意了，卻忘記會有人設這個局加上五十天的配合演出，而讓自己陷入職場生涯的最大危機。

不過我們也不是只能挨打默默承受而已，要確認自己的能力是否有取代的價值，然後最好的發展就是不斷的進步，把自己弄成無法取代的個體，這樣任誰也不敢對你下手，你也能夠安安心心找個分身為你減輕肩負的重擔。

24. 任何的遊戲規則都是上司訂的

說到遊戲規則這種東西，馬上就想起半澤直樹裡的橋段，惡上司只要知道主角下一步要做什麼的時候，總是會馬上去破壞掉那個機會，這在職場上沒有為什麼，而是遇到不利於自己的事，當然要馬上更改遊戲規則。

說到這類的事情，對從國中就出來吃頭路的我來說，滿腦子都是那源源不絕的經典畫面，而且一定有很多是大家從來沒聽過的經驗，所以請仔細看清楚，然後再回頭比較一下自己的公司，看我說的對不對。

上班時間離開太久要扣錢

這換作現代的人，早就在ＦＢ上ＰＯ文攻擊和靠腰了，但是十幾年前的職場可不像現在這麼開放。雖然打工性質的工作好找，但是雇主卻是一個比一個還機車，一個比一個還苛刻，這也是另一個早期台灣奇蹟的來源之一。

而那個工作就是某知名百貨大樓的美食街，因爲身爲那樓層的清潔員就是要以迅速著稱，尤其是假日人潮眾多的時候，客人一起身離開座位，你就必須馬上做清潔收拾的動作，讓下一位客人可以馬上入座，不然被樓管（這樓層的管理者）或者客人投訴的時候，就要罰錢。所以當時我練就了一顆非常有力的膀胱，真是「感謝」這家百貨公司啊！

包裝要快但是出錯要扣薪

要狗兒好又要狗兒會跑，但是別人餵的是西莎，你卻連個寶路都買不起

（就是給你最低時薪，還要跟你要求這要求那的意思）。這是發生在一間中等規模的包裝廠，做的是各種菸酒禮盒，就是買一盒有兩、三包的菸還會送你打火機的那種工作。

老闆常常會要求親信在生產線當起頭，也就是工作速度由這位親信主導，他心情好就慢慢做，後面的阿姨叔叔還可以愜意的聊家事，但是哪天心情不好就給你雙倍速率來幹，搞到每個人都上氣不接下氣，然後就因此常常出錯，有做過生產線的人都知道東西有少裝，就要全部把包裝過的禮盒打開一個一個檢查，直到找出那Lose掉的地方，不僅浪費時間而且沒錢賺。

雖然算是一種扣薪手段，但我實際上卻碰過一種問題，就是菸盒包裝一定要拆原廠紙箱和外包裝的透明膜，而用到的工具只能用刀片不能用手拆，理由是這樣「太慢」老闆會罵，還會影響後續的工作。但我也不得不說，有些菸盒包裝的紙盒特別偷工減料，就給你他媽的用了一張薄薄的紙包起來，第一次切割這家大廠的菸盒時，總是會下手太重直接連同香菸一起割爆，下場就是賠薪水了事……

超時責任制沒加班費怪我嗎

我一向認爲自己是個好員工，應該說一個可以抵三個人用，只要會珍惜我能力的老闆們，絕對會感受到我在工作上加倍奉還的恩情，但是偏偏人生短短幾十載，卻碰過太多得理還不饒人的老闆和上司們，這是在一家紡織傳統產業發生的事。

記得剛進公司的時候，老闆給我的願景的確讓我想久待下去，但無奈那只是每個美麗童話故事的起頭式。一開始先給你個甜頭吃，說時間到可以直接下班，做不完的事資深員工會幫你擦屁服，我心想，這輩子沒聽過這種要求，所以就直接下班了，隔天一來公司就碰見那位幫我收拾未完成工作的資深同事，他一副大便的臉說老闆的話你別當真，你一次、兩次還沒關係，超過三次你沒把工作做完就下班，就會開始對你年終考績打評比，然後說你不盡責所以領不到全薪。

真靠腰的話中話，我生平最肚爛表面說一套背地裡做一套的人，但是這有可能是資深員工對老闆的不滿，所以想要拉攏我對抗他。但是，時間証明我天真的想法是錯的，持續一個禮拜的時間我都把分內該做的事情做完就按時下班，結果那天就碰到剛從外面開會回來的老闆，臉就像是被人暗算一樣的臭，一看到我就出現那意想不到的冷言冷語。

「下班了？東西確定都有做完嗎？我記得昨天有一批貨剛下船要貼標籤的，都做完了嗎？」

「對，都貼好了。」我還白目的跟他打笑臉緩和他臉上的大便味。

「啊貼好了就沒其他的事做嗎？」

「有，預計明天開始會按進度整理倉庫，大概一個禮拜的時間就可以整完了。」

「還要一個禮拜？我這幾天又有商品要下貨櫃，我要某某倉庫空出來，準備入倉用的。」

「可是我估計要一個禮拜左名的時間才能弄完，況且上一任離職員工沒做過倉庫的盤點，我怕數字跟帳上有出入，所以……」

「我不管那麼多！這三天就要那個倉庫淨空，你跟某某某（就是那資深員工的名字）想辦法弄完就是了！」

聽到老闆完全不想聽我的建議，心中就ＯＳ的想起資深員工所說的，老闆很拗而且會電那種比資深員工還早離開公司的人，果不其然的被他說中了，卻想說自己是個菜鳥，忍一下就好。

隔天上班，那位資深同事就說要辭職了，他還特地跑來跟我說倉庫的帳根本是個坑，所以他完全不想做盤點的動作，看誰接到誰就倒楣，到時候老闆心血來潮要查帳，搞不好還會認爲倉庫東西短少是你偷的，叫你拿錢來賠你也賠不起。

聽了當下ＬＰ揪了起來，但還是咬牙苦撐，誰叫那時候家裡急需用錢，所以就開始了一個人在下班時候做沒加班費的事情，然後還真的給它弄了一間淨空倉庫，但是老闆沒對此表示任何意見和讚賞，只認爲這是員工該做的，然後也因爲他如此的無情，所以我也出此絕招，就是拿了錄音筆進了他的辦公室，要他保證在我對公司倉庫做盤點後，之前的帳目問題不需負責任，但是他卻說我任內就該對此負責，如有短缺就要去查出原因之類刁難的話，聽到這裡，我也直接挑明的拿出錄音筆放在桌上說：「你只是要我當替死鬼的話，我就不屑爲你賣命。」然後頭也不回連離職單都沒寫的離開公司……當然這也是人生必遇的過程，所以後來找工作我也學聰明了——打聽、打聽、再打聽，風評不好的公司，網路上一定找得到，至少不要當冤大頭成了代罪羔羊也渾然不知。

聽完以上我職場遭遇的故事怎麼樣？是否心有戚戚焉呢？雖然還有很多黑心公司，但是本質也跟上述差沒多少。當然，有壞公司自然會有好公司，我也遇到很多好公司，至少爲了理想離職了之後，不會是那種不歡而散的感覺，我都會覺得這家還不錯（至少老闆的良心沒被狗咬去啦！）

加倍奉還法則：

職場生活百百款，有時候要先打聽一下老闆們的遊戲規則是否符合自己的口味，再決定要不要久待。而且有一個重點，不習慣不能讓你認同的公司，就果斷提出辭呈，不要浪費彼此的時間，但是有些人卻認為提出辭職要求很丟臉所以不敢開口，只能痛苦又難過的苦撐活撐下去，然後搞出一堆現代文明病之類的，那不是自找的嗎？

騎驢找馬一點也不可恥，別聽新聞在那邊亂放話，說年輕人都做不久這種鬼話連篇的事，人生中都一定要找尋屬於自己的工作，只要沒被家庭和現實框住的人們，就勇於向自己所夢想的職業大步邁進吧！

25. 職場薪情差也不能心情差

這個主題也是大家最常聽到的抱怨句：「心情（薪情）好差喔！做什麼都不開心。」

確實，心情差的時候做事就特別無力；但是薪情差的時候，你歸咎於老闆付的錢不符合自己要求所以就開始擺爛，那你這種人去哪工作都不會受到重用的。

半澤的好友近藤也是因為能力的關係，被派調到銀行關係企業裡上班。田宮機電的資深員工非常看不起這位被「流放」過來的前銀行職員，所以處處刁難，而近藤他自己也因為「薪」情跟原本差距額大，只能自暴自棄的過著每一天的生活。

這個場景換作現在多數職場的人們，是特別有感觸畫面。就因爲薪水少是大環境或老闆造成的問題，所以只能跟著搖頭嘆氣用老闆給多少做多少的態度行事著。

這種像是無言的抗議，我沒說不能做，但是做了會改變什麼嗎？好像什麼都不會，老闆也不會因此給你加薪（你的態度就這樣，沒趕你走就偷笑了），大家追著這萬年沒漲的薪資鬼見愁，工作量和工作質也跟著大幅衰退，然後看見我也寫這些毫無建樹的屁話，更加地生氣。

我只能說別生氣，抱怨誰都會，但是在現實職場裡也不能讓他變成真啊！尤其是當你在工作的時候，你滿腦子想的「老闆爲什麼不加薪」、「政府到底有沒有在穩定物價」、「這個月支出要多少，貸款要繳多少？」最後自己再下個總結就是——薪水不夠花！然後呢？是事實那又如何？你就算想了一天爲什麼，老闆也不會多給你一毛錢，反而會因爲你事情做不完而給你扣薪。

以現在多數台灣小型企業來說，要談加薪的問題是個嚴峻挑戰，雖然此舉不是要幫這些小企業老闆們說話，但是現實層面看來，我們知道公司小自然賺錢就少，對未來長久之計來講是沒加薪的本錢，既然心中有這個譜，有可能是爲了穩定、離家近等等因素，就別太跟公司計較這些問題了。

「因爲無望的事，一直在心中乞求著，只會讓自己更難過」。記得玩命快遞3有段我覺得很有理的名言——人真的不要太過悲觀，認爲一件無法稱心如意的事情就搞的像世界末日一樣，就連新聞都喜歡播報殺人放火，姦殺擄掠的時事，對於日行一善或者需要人們關注的邊緣人物完全拋棄一邊，如果說這是人民所喜歡的口味的話，那我想這是一種全民病態的行爲。

再來分析一下大公司和小公司的差別，首先來看看大公司的優點：

（一）加薪升官機會多。

（二）硬體設備和福利比較多。

（三）因為公司大，員工多，所以接觸的人也多，學習的也快。

（四）對家裡或者朋友們比較好說嘴（因為公司有名嘛！）。

（五）交通方便（大概吧，因為都建在交通方便的地方）。

大公司的缺點：

（一）勾心鬥角的事情比較多，因為有升官機會就會有暗中鬥智互捅的案件發生。

（二）跟老闆上司互動機會少，因為階級關係而感覺太遙遠。所以你會不知道他們的思維模式是什麼（除非你不想爬上來，這點就可以無視沒關係）。

（三）走人的機會也高，不外乎是鬥爭下的犧牲品，不然就是優劣汰換機率高。

（四）階級分明的關係，氣氛相對的比較不好（進大公司和進小公司的辦公室，大約就可以嗅出那種味道了，不過也是要看經營者的角度才準。）

（五）規定比一般小公司要求更多。

結論：就像女明星嫁入豪門是一樣的道理，想要有頭有臉又有錢，就是要比一般人更有ＥＱ才能活的久，當然也會過的比常人更加戰戰競競了。

接下來是小公司的優劣點比較，請大家先看一下好的部分：

（一）同事少到你連名字都記得住，老闆也比較叫的出名字來，也因為這樣也比較少鬥爭，因為相爭也不會有好位可坐（公司就那幾個主管，而且都老屁股居多，可能等到你進棺材他都還在位吧……）。

（二）跟大公司相比的話，員工們的向心力比較夠，因為大家目標都是賺點薪水維持家庭和貼補家用，沒什麼野心產生就不太會有吵架的事情發生。

（三）通常離家都很近，因為這也是應徵者的條件之一。

（四）炒你魷魚的機會相對較少，因為都徵不太到人怎麼可能趕你走，除非你真太混了。

（五）規定較少，但是機不機車就視主管們而定了。

小公司缺點的部分：

（一）薪水比較沒有彈性調整空間，基本上是和公司營運有絕大關係。

（二）升遷機會較少，因為小公司的職缺都是固定。

（三）福利和硬體設施可能比較差強人意。

（四）待久了通常會失去鬥志，除非公司有重大改革外，不然會提早步入中年人養生時代。

（五）發展有限，學的東西自然就少，最大的原因就是缺少「天敵」，就像動物和昆蟲需要外界刺激才會脫穎而出。

結論：小公司通常因爲場地有限，人與人比整天面對電腦或者機器的時間比較多，也較有人情味。但也是因爲大家好來好去，公司營運除了一部分核心人物在策略外，其他人都會原地踏步停滯不前，導致比較有野心的員工遲早會跳脫這個限制他的小框框內。講白一點就是留不住人才，就像個老年化鄉鎮是留不住年輕人拼鬥的心一樣。

加倍奉還法則：

我和大家一樣都會在媒體的渲染下而感到「薪情差」，但是我卻不會因此覺得「心情差」，因為山不轉人轉，如果是在這樣困苦環境下，就會讓我頭腦萌生其他賺外快的想法，當然這個主題是我們下一篇要講的，所以在這就不多說。人都會在意薪水的問題，但是思考邏輯只停留在如何抱怨和謾罵上的話，那只會活的更痛苦而已。

26. 教你職場外的薪情逆轉術

俗話說「有錢沒錢，討個兼職好過年」，咦?好像哪裡不一樣對吧!

因爲是繼上一章的話題延伸出來的，所以你們要先瞭解一下何謂「兼差」。當然裡頭的涵意非常多，但以實際面來講，絕對不是那種色情傳播賣肉賣笑賣身體之類的工作，而是貨真價實靠自己的本事來賺取外快，但是說起來很容易做起來卻是一點眉目也沒有。

所以要先知道自己的實力在哪裡，除了本質（目前行業所需要的技能）外，你還會什麼?你還能靠什麼吃飯?這兩點很重要，也是影響到你是否找得到「別人肯花錢放心讓你做的事」。

首先第一步就是先確認自己能做什麼，但是有些人一時之間又想不出來能做什麼的話，就打開電腦，接著上網查詢那個叫作四個一之類的找事做網站。進來之後，請先勾選類型「兼職」搜尋（其他地點之類就自行設定，不過既然是兼職，地點就不是那麼重要，除非你走的是外包到工地或住家的……），這時候就會跳出許多徵才訊息，這時候你就可以慢慢尋找你能「勝任」的事情，千萬不要什麼都不會還去給人家應徵接案，到時候被嫌被退件連錢也領不到。

第二步當然就是按下「我要應徵」四個大字，然後等待對方的回覆。（連絡方式都會採你申請帳號的資料，所以請留正確且連絡的到的手機電話），這時候等待空閒當中，請先自行模擬一下有可能接到Case的大致內容，才不至於和對方通話的時候結結巴巴，也有一種可能就是用E-mail連絡的，請注意一下。從對方收到然後回覆的時間，快的話大概一天，慢的話約二、三天到一個禮拜都有可能，超過一個禮拜的話就不要等了，因爲對方公司也會評估跟審核你所留的資料是否有符合要求的地方（如不行的話，通常會打電話婉轉的跟你拒絕，但是很多公司的人都不想花時間回覆，而讓別人枯等或者重覆發信，所以這是第二點要注意的地方。）

第三步大約就落在對方已連絡上你或者E-mail通知信到了，然後就開始你的接案賺外快的生涯。但是第一次接案有這麼容易嗎？我想你一定會吃驚的，尤其是對沒有經驗的人來說，常常會誤觸地雷（翻開覆蓋的陷阱卡！）被別人坑了也渾然不知，所以合約（正本）一定要跟對方拿，不管是寄掛號還是登門自取。而且上面的規定和內容要看清楚，再來就是要問對方有沒有其他要求（若沒有，就請對方在合約上備註畫押，免得日後翻臉不認人）。

第四步，以準確點來說，假如第三點的部分雙方詳談的很順利的話，你就變成平常下班之後就完全沒有休閒時間（初期啦！別被嚇到就打退堂鼓），因爲你能利用的時間就是這些，除非你可以利用上班時間來做（這點就要看你自己了！因此被辭退可別怪我），不然第一次接案的話，都會覺得很趕而且有一定的壓力在，姑且不論接案的時間長短，能提早交件就提早交（雖然我是公認的拖搞大王，但是案件從來不會破棄中斷的），這樣你才有時間做些對方可能要修改的地方。

第五步也就是最緊張的時刻──「交件審核」，如果是現場工作的人就是「現場勘視和檢驗」，總之就是對方會開始對他所要的東西做檢查或者挑三揀四要求你做修改，好一點的話是請你再改，壞的話就是直接扣錢之類的處罰，不過通常很少人會這麼機車，所以請放心。待一切檢查都讓對方可以接受的時候，你就可以坐在沙發上翹著二郎腿，然後一副不可一世的臉數著鈔票──你要真的那麼做的話我也不反對。不過通常都是等著對方指定的時間匯錢過來，ＡＴＭ轉帳的比較多，很少叫你來領現金的！（如果你喜歡拿厚厚的鈔票賞人巴掌的變態舉動，就自己再從戶口裡領出來吧！）

當然，能完成一件從來沒做過的事，一定會有莫名其妙的成就感出現，但是很少人一開始接案會很順利的，最主要的是和對方溝通再溝通，然後不斷的朝著雙方認知一致的標準前進，我相信你就不會每個月在那邊喊窮哭窮，搞不好還能找到你的另一片天地。

最後補充一下我接過的案件跟朋友做過和聽過的Case給大家參考一下：

（一）文藝型（寫作、代筆、出試題之類兼職）

目前我覺得做種類型的比較輕鬆，當然這是見人見智，有些人你叫他坐在電腦桌打上一百個字，他都會快要抓狂，更何況有人聽到寫作文就口吐白沫了。

通常寫作都是接出版社所要的故事內容或者報章雜誌的專題探討；代筆的部分我沒接觸過，不過有聽過網誌代筆（就是專門發些造假的開箱文攻擊對手廠商和吸引買氣之類的）；出試題這項工作，不外乎都是一些懶的動手找資料的教師和補習師老師所丟出來的工作。

價位：報章專欄、代筆和出試題的價位差不多都在一千到五千元以內，因爲工時需求短的關係。寫作差不多一萬九到五萬元以內，當然這視字數和完成度來決定，書藉出版的部分會比較有彈性，因爲有名氣的人領的就不是買斷約（通常是繁簡買斷，大小出版社很多都是這樣），而是稿費約（看出版量不是銷售量）。

（二）苦力型（水電工、油漆工、木工裝潢等等）

以水電工來說，通常都是那種居家私人較多，不然就是完工大廈請那種臨時代班的，一般只會請那種半技或者出師的人，價錢的部分是一千四到六千元左右（看難易度和技術。一般算日薪的較多，時薪的比較沒碰過）。

油漆工的話就比較不需要什麼技術，只是要特別注意的地方就是穿著盡量是以寬鬆和廉價的衣物為主（你要穿西裝來刷油漆我也不反對），有一點必須要問清楚，就是有可能會在高處作業，有懼高症的人要先打聽清楚，不然到時候要你站上去的話，可能會嚇到不敢亂動。

木工裝潢如油漆工大同小異，不過有一點要特別擔心，就是會用到圓齒鉅之類的電動器具，雖然上面都會有一些安全裝置來防止意外，但是誰也沒辦法保證完全不會出問題，所以操作的時候需要特別小心。

（三）教師型（家教、假日社區烘焙導師、樂器舞蹈教學）

通常這些都是典型領鐘點費的工作，當然除了家教比較常在四個一的網站看得到，其他是就必須留意社區和自行張貼招生海報，也屬於比較彈性的兼差性質，不必在某個時間點拼命的趕工，所以對一般上班族來說會比較輕鬆。

而鐘點出席的薪水我所知道的都不低於六百元（一小時），口碑好的話價錢就會更高，目前聽過拿到過三千、六千元（一小時）出席費的，不過這是屬於大型活動才有的價碼，相對要的技術也高。

（四）演技型（臨時演員、走路工、舉牌傳單工）

具做過的朋友透露臨演最好不要接，有時候薪水只有一個便當一瓶水，當然，如果你是懷有星夢又愛演戲的人，又想拼拼看會不會有知音人伯樂馬出現，當然可以試一下。

走路工大家就比較常聽到了，這不外乎就是配合政客做些抗議行動，因爲完全不知道抗爭的意義只在乎有多少紅色可拿，所以通常做的人都是全身包緊緊的怕上電視丟臉。

舉牌傳單工也是大同小異，不過他分成兩種，一種是爲政治人物喉舌的，一種是廣告效果的舉牌，做過的人都知道這種不管風吹雨淋都必須直直的站在原地，因爲會有人騎著機車不定時的突擊巡視，只要抓到你放下牌子休息就會扣錢，但是爲了錢而做的人都是非常急需用錢的，所以這是打不倒他們的，辛苦了。

（五）家庭型（幫傭、保姆、代工）

說到幫傭、保姆的印象，大家只會停留在菲傭、印傭的刻板印象，但是台灣確實也有做（我的大哥是請台灣保姆帶小孩的），當然價位比以上那些人還高就是了，不過服務品質比較讓人安心，因爲教育和人文素養是本國人關係。

再來是代工的東西家母以前做過，所以非常瞭解這是一件以勞力和時間換取金錢的家庭工作，尤其是當你辛苦做完一桶手工零件組裝交貨後，那區區八十元台幣的報酬確實會讓人哭出來。但是當我覺得划不來的時候，家母竟然是以我五倍速度完成一桶……總歸一句，行行出狀元（如果你不覺得一樣東西可以組裝幾萬次的無聊，那你可以試試看。）

看完以上所介紹的兼職工作，有沒有一種躍躍欲試的感覺呢？好像覺得自己以前學的某種技能、特殊才藝不是那麼沒用，又或者不曉得竟然可以拿來賺錢？心動不如行動，那就趕快拿起你的滑鼠投履歷去吧！不要再爲那個微薄薪水算的焦頭爛額也入不敷出！

加倍奉還法則：

山不轉人轉，絕對沒有辦不到的事情，不管你是循正當手段還是非法手段，只要能完成，那就是成功。所以我們要拋開一般賺錢的思維，不一定要在公司裡鬥的你死我活才能為自己尋得好身價好地位，只要你肯多花別人在家躺在沙發上當電視兒童的時間，那你就不用整天擔心薪水凍漲的年代，這樣豈不是快樂多了？

27. 哪種上司類型像是伴君如伴虎呢？

半澤直樹在台灣熱播結束後，結局一定讓大家非常錯愕。什麼？原以爲主角會直升分行長等級的，竟然峰迴路轉出現流放關係企業證券公司的劇情，這不是擺明告訴大家說：「這絕對有續集喔，請拭目以待……。」

當然，我也覺得主角一定會幹到行長那個職位，而他最大的敵人，其實就是那爲人看似忠厚老實的中野行長，根據此劇作者那神一般的第六感直覺，主角最後一定會用千倍奉還給中野行長，但是爲了不劇透還沒拍攝的第二部，這裡就不便多說。（咳！）

我們先來看看這章的主題：上司是不是老虎？

當然，這主題不是拍金剛狼外傳，老闆和上司也不會真的變老虎，只是要讓大家知道哪種老闆上司是可以安心的依偎在他身邊……那種老闆上司要小心別靠他太近。

首先，先來客觀的看看上司型態有哪幾種：

（一）笑容滿面的上司其實是最可怕的：

這個根據不是沒來由的，試想看看一位平常笑容可掬的好好上司突然發起狠來，臉部表情像個淫蕩版的半澤直樹，我想一般人絕對無法接受吧？也因爲反差的關係，平常一副樸克臉又兇的上司突然笑臉迎人的看著你，你可能也會心裡糾結了一下，然後更加狐疑地猜測他到底想做什麼？總之就是有一種毛骨悚然感覺，還會不時發現陣陣陰風從各個角落吹來……

（二）陰沉不語的上司其實是滿幽默的：

奇怪，怎麼感覺在講我自己一樣……沒有啦！開玩笑的，這是以客觀的角度來看，其實很多講話幽默的大師和諧星，私底下卻沒有特別像台上表演般的活潑生動，反而多了穩重像個長者的說話方式。這是因爲他們會依場合視情況需要來改變自己說話的方式和情感的表現，這也是他們在職場的工作場合中容易得到青睞的原因。

（三）吱喳不停的上司其實是個好管家：

不信？假如你在職場有位上司常常小事情可以發牢騷發半天的，他其實是在教育你，也是在督促你做好這件事，但也因爲太囉嗦而被職場人們稱爲「毛怪」，顧名思義就是做什麼事毛都一堆，好像這不行那不行的，非要做到他的標準才可罷手。

但是抱怨歸抱怨，有時候卻可以從他的身上學到很多我們會忽略的東西，反而會因爲如此而開始變的吹毛求疵起來，不過這是件好事，寧願多龜毛一些，也不要事後找戰犯傷了公司的和氣。

（四）道貌岸然的上司其實是個悶聲色狼：

看到標題「色狼」這兩個字，我想一定有人已經特別放大來看，然後開始想像一位禿頭上司叫了一位年輕貌美的女下屬倒杯茶水進來，然後緊盯著她的膝上十公分的短裙和美腿，趁著她彎腰遞茶的時候，再從襯衫最上層的空隙中仔細欣賞那豐滿的雙峰……經過這樣描寫，讀者們是否有畫面了？我想百分之九十九的人都一定會想像。

那代表大家都是色狼嗎？當然不是！所以我才要花幾十個字來解釋所謂的「悶聲色狼」並不是會做出變態的舉動，而是平常發現員工犯錯卻什麼話也不說，其實卻是在暗中觀察你是否有留用的價值，然後偷偷地給你打分數……以某種角度來講，我得承認這方面是另一種的變態行爲啦！（咳！）

（五）心狠手辣的上司其實就是抽到鬼牌：

通常有這種性格的上司就是會對別人殘忍，對自己人也好不到哪裡去，就好像在看「穿著Prada的惡魔」裡的魔鬼上司米蘭達一樣，讓必須靠她支薪的員工上班如坐針氈般的痛苦。也因爲這種類型的上司比較欠缺安全感的關係，所以學會不相信任何人我行我素的行事風格，不僅僅是對手、自己人眼中的危險人物。

爲什麼我會這麼認爲？廢話！當然有遇過啊！而且還遇到同類型的兩次，這種性格果真是屢試不爽，除了他會讓你印象深刻到連大小便都會想到外，也會讓你的能力直線的上升來符合他的要求，所以不盡然都是壞事啊……（不過我的心聲是：X！別在外面讓我遇到那兩位上司！）

這是基本五種型態的上司性格，當然還有很多特別物種的個性，但差不多是上面性格的變化延伸版，但是哪種上司會突然如老虎發狂般的將你幹掉呢？我敢保證，絕對不是上面那五位，而是以下一位隱藏版大魔頭——

（六）無所事事的上司其實一不留神要你命：

翻開歷史課本或者打開電視看看那精美的古裝皇帝君臣戲劇，哪個橋段裡沒有昏君和奸臣？在現實生活中，最怕的就是那種完全沒能力卻可以繼承大業的人，他可以因爲你捧他LP而高興到隔天升你爲重要幹部，也可以因爲別人的惡意中傷而讓你馬上捲舖蓋走人。

當然最可怕的還在後頭，因爲沒什麼能力，所以絕大部分的決策都落在重要的主管身上，但是他也會哪天心血來潮的要菜鳥不計後果的做大事，完全沒事先評估也沒有集思廣益就盲幹，到時候出意外，可憐的是這位不諳世事的菜鳥當他的羔羊來掩飾無能。

六個上司，也是這六段故事訴說著全天下基層員工的心聲。（靠！我怎麼突然變的那麼文青了……）

加倍奉還法則：

什麼上司不好惹？什麼上司好相處？什麼上司有擔當？其實都是要視你做事能力和態度而定，不一定要以我的角度來選擇你所跟隨的上司，況且很多時候是我們站的地方和他們看的世界完全不一樣，而導致雙方會有誤差產生。再來，因為一切都是以客觀角度來看，所以個性也有不盡相同的地方也有一些例外，但是除了第六位上司……其餘的都好談。

28. 何謂人們常說的職場潛規則

劇情裡的東央第一銀行有口耳相傳的職場潛規則，就是「部下的功勞歸長官，長官的過失部下扛」，雖然不是每個行業都會流傳這種，但這句經典對白卻是現在社會上弱肉強食的事實，是讓人非常同意就是了。

不過得要先知道，每個鬼故事的影片中，一定會有大家流傳的恐怖祕密，像是什麼別在午夜十二點照鏡子、半夜走在路上有人叫你千萬別回頭、陰森的廁所別進去使用、獨自一人加班別鐵齒地往突然掉落東西的地方探頭過去……因爲一定會出現一顆像是被海水泡爛過的死人頭，然後牙齒黑到亂七八糟，連眼神都詭異的讓人頭皮發麻，還會不定時瞬間移動出現在你背後死角裡的橋段其實並不會在現實中出現，所以請大家放心的看下去。（我是鐵齒無神論，咬我啊！）

一般來說，每個職場環境裡，總有資深員工會給新來的菜鳥們來個震撼教育，然後接著就是告訴你這家公司有什麼「只有員工可以知道的祕密」，然後要像發誓不能外流的情況下，你只能膽顫心驚硬著頭皮做下去。不知各位讀者們有沒有遇過這種情況，我想一定可以用罄竹難書……不對，是用滔滔不絕來形容這些過往的痛苦回憶，簡直都可以拍成職場新鮮人的奇幻旅程！

現在來看一下有哪些不爲人知道的職場潛規則呢？看仔細喔！別說我沒提醒你！

賣肉的不會吃他自己宰的肉

聽起來好像有那麼一點點的道理，但是爲什麼不能吃？其實很簡單，別看表面就行了，而是要把自己想成當事人，然後以他的想法做出有可能的事情。

太抽象了？那簡單來說，做過便利商店的人一定都知道自己賣思X冰，卻不敢吃自己的思X冰？因爲早期加盟店的要求沒那麼嚴謹，老闆沒要求店長和員工去定時清理那天殺的機器，等哪天心血來潮做清潔的時候，那導管黏上一堆黑不拉機的糖精乾化物，一層又一層的累積下來，因爲平時只會擦拭機台上的糖水，所以看似乾淨，其實是這內部的不明物體所製造出來的冰品，大概只有不知情的顧者吃的很開心吧？雖然現在管控很嚴了，但我也不敢再食用。

還有一種是自己做的菜卻不敢吃的趣事，有聽過大鍋菜嗎？尤其是那種被戲稱三軍唯一的乞丐兵種「陸軍實戰單位」，（高司單位不是喔，尤其是那種司令部可爽的耶！）原本只是學長退伍前口耳相傳下來「不能說的祕密之一」，但是我們每天操課操的半死，到了吃飯時間早就餓到前胸貼後背，誰還管那種不切實際的金玉良言？直到日子久了階級高了，都要被派去督伙（就看伙房兵有沒有按SOP煮菜就是了），然後第一眼就被伙房髒的要死的作業平台給嚇到，而且還不時有老鼠和小強在跟你共飲三餐的伙食，然後從國軍副供站買回來的蔬菜都是菜農不要的次等貨（就是要爛不爛的那種）下鍋快炒調味的時候，還真他媽的完全看不出來，接著又看到伙房兵拿了湯匙試了味道，感覺不夠鹹似的猛加鹽巴，隨後又嚐了幾口後，又加了一旁的糖下去，然後重覆了兩、三遍，這時我終於忍不住的問了伙房兵：

「啊加那麼多鹽跟糖下去了，還不夠嗎？」

這位剛下部隊的伙房兵很訝異的看著我，好像第一次有人會關心他們炒菜似的：「報、報告班長，因爲太鹹了所以要加糖下去。」

「但是你又加了鹽下去，然後又加糖下去，接著一直反覆做同樣的事，在搞什麼飛機啊？」

「報告班長，老鳥有交代，太鹹要加糖，太甜要加鹽，直到調到剛剛好爲止……」

「……」我心中ＯＳ的想著，難怪那些菜逼巴的伙房兵寧願花錢吃營站和熱食部的東西，也不想吃自己召喚出來的「可怕物質」。

也因爲從那天開始，我變成營站常客了，不是我不入境隨俗，只因爲我還想退伍出來創一番事業，怎麼能因爲這麼年輕就要洗腎而誤了前途呢？（委曲你們了，國軍八塊半的義務役弟兄，就讓那些米蟲狗官們吃到死吧！）

進來的要先打三拳

何謂三拳定義？當然不是單方面的鬥毆也不是打拳擊，而是每間公司都有一套員工們之間妥協的規定。不過會因爲公司的「民」情、地域和人文習慣的不同而做改變，以白話點的意思就是指「教規」的定義，這些莫名其妙的規則不是老闆上司們定的，而是公司員工最大咖最資深流傳下來的，雖然上司們都知道有這項潛規則，但並不會去干涉底下員工做這類的事情，舉例來說：

我是小明，是個動不動就被車撞、被火燒甚至被土掩的衰小明，今天我終於進到夢寐以求的電子公司，而且面試的時候，那位面試的主任跟我說：「裡面有好多沒有死會的正妹同事唷！」，我聽了好高興好興奮喔！

我今天帶著愉悅的心情來上班，一踏進公司內部的辦公室裡，頓時像是踏進第三度空間一樣，那種氣氛那種感覺像針筒一樣的刺進皮下組織裡，然後所有辦公室的叔叔和「年長」的姊姊們抬頭看著我，如同老虎餓了三天卻有麋鹿真的是迷路般闖進他們的地盤上。我害怕的「縮」了回去，想逃離這裡如同愛斯基摩人地窖般的辦公室，但是背後卻被一雙炙熱的手給推了回來，然後轉頭一看，竟然是當初那位面試我的主任……

「欸？這不是小明嗎？第一天報到找不到我們的行政小姐唷？」主任雖然是以笑臉迎人的看著我，但是我卻看到他頭上的惡魔之角快破繭而出了。

「……是，是、是。」我結巴地連答三個是。

「嘿！那個Alice，過來帶新人去填一下資料，然後再帶他去他的座位上。」

那位有響亮英文名字的Alice小姐快步的走了過來，那一瞬間我看到他們的眼神像是在交換意見般的下了某種指令，使得氣氛更加的可疑。

「跟著這位小姐走就可以了。」主任點頭示意了一下，就回家他的辦公室，完全不管我的死活了。

公司除了這個企劃部門之外，還有許許多多大大小小的部門座落在這棟十層樓高的大廈裡。一路上，我跟著那位濃妝豔抹的Alice小姐到一般的會議廳填寫資料，因爲陌生的關係我吐不出任何話題出來，所以只能安靜的跟在她身後，但是她卻好像很有話題聊的問了我一句：「你好年輕喔，剛退伍嗎？幾歲呢？」

「對、對呀！剛退伍……今年二十五……」我突然覺得吞嚥口水變困難了許多。

「哇，跟姊姊差不多喔！」

「是、是啊……姊姊看起來二十八、二十九吧……」這是我生平第一次對女人說謊，他媽的明明從外表那龜裂的妝痕來看，起碼有四十出頭了。

「對啊，姊姊還是個處女呢！呵呵！」她自己說完都還會偷笑；而我則是打了一陣冷顫，心中OS的想著「是處女座吧？我知道，個性很龜毛嘛！」

隨後到了會議室填完像身家調查的人事資料後，她又帶回到剛才的辦公裡，然後跟著她來到我的ＶＩＰ座位上，那距離咖啡機和一台大賣場才會出現的手推車很近，就好像我的專屬配備一樣。

當我回過神坐到椅子上的時候，旁邊的一位要老不老的男同事靠了過來。

「菜鳥喔？」

「對啊……」

「恭喜你！我也是，只不過比你多待了一個月。」然後他拍拍我的肩膀說：「你知道嗎？對我來說你真的很重要，你真的知道嗎？」

我像是老人痴呆般的看著他，實在不懂那個意思。

「看到那個了嗎？」我望向他手指的方向，咖啡機和手推車，沒了。但是他手裡又遞了一張菜鳥交接清冊給我，「喏，我跟你說，這張是午餐便當大全輯。以後每天一到公司最好先問大家要吃什麼，不然有人去開會沒訂到你就『挫屎』了！然後先替主管們泡好咖啡，經理要卡布奇諾加奶精不加糖，副理曼特寧三合一的那種，主任是阿拉比卡，奶精和糖double……」

第一天工作就是花一個小時記下這位菜鳥前輩的「敦敦教誨」，然後好不容易結束想去廁所拉屎來緩解我心中的無奈時，一位看似非常老的資深男同事走了過來，用食指敲了我的辦公桌面兩次，然後說：「新來的嗎？」

我LP又揪結了一下，無言的看著他點了頭。

「進來要繳錢知道嗎？」

我一臉孤疑的看著他然後OS想著「靠！又不是拍艋舺！還拜碼頭交保護費耶！」

「別會錯意，這是大家都會繳的娛樂費。每個月固定會辦部門間的聯誼，很期待吧？」

「……」我心想著，難道跟這些阿嬤級的小姐們聯誼？

「當然不是我們部門的，放心吧！」他拍著胸口保證，然後伸手過來：

「過幾天聯誼時間要到了，今天有帶錢的話就先繳吧！」

「……多少？」

「五百。不是唱『你是我的花朵』那一位喔！」

雖然很冷，但我還是配合的假笑一下，隨後打開皮包抽出一張千元大鈔，還來不及說能不能找零的時候，那位資深同事就馬上收走，還露出微笑的說：

「你還真夠意思！還沒領到公司一毛錢就要讓你破費了。」

隨後他走了，我的千元鈔票也這樣蒸發掉了。不過這只是個惡夢的開端，不是結束，而是我衰小明的原點……

看完這兩則案例之後，大家對於職場的規則是否瞭解了許多？確實有很多不合理的地方，像是在對職場老鳥們的抹黑一樣，我想有些地方是小小的誤會，但以實際可能會碰到結果陳述卻是不能抹滅的定律，除非你可以待在家裡當個啃老族或者家財萬貫無處花，不然人生一定有很多地方讓你嚐盡各種不一樣的「潛規則」。

加倍奉還法則：

任何規定都是「人類」定出來的，打從一生下來，就必須遵從民族文化所訂定的遊戲規則，更何況是微不足道的職場生涯。但也不要因此對職場人際關係交往產生恐懼，以我的例子來說，一回生二回熟，三回敢再給我開染房就試看看。你有這種霸氣的話，就不用擔心要強制參加公司的活動或是按資深員工的指示而動；如果沒有的話，索性換家公司找到你可以接受的規則，不然就拉緊褲袋好好為了薪水活下來吧！

29. 續・職場潛規則其二

我發現職場上的潛規則不是用一個章節就可以結束，所以再次的補充其他要項。

看完上面那兩種類型的潛規則後，不難發現都是些員工們之間的「私心」所延伸出來的規則。但是老闆們和上司也會有他們的規則存在，當然，把這些點出來之後，一定會有很多人訝異真的是這個樣子嗎？確實，只是這些都是上司們默許的祕密，到底讓多少員工被蒙在鼓裡，就不得而知了。

職場上，帥哥美女的錄取率較高

很多公司的上司們一致認爲，面貌極好的男性、女性他們的頭腦也相對動的也快，據說十大不可考的「英國研究」報導指出，聰明的人通常長相都是不錯。但是以我角度的來看，歷史上的偉人並不是每個都那麼討喜，有些人還其貌不揚照樣得諾貝爾獎。

所以真相只有一個，就是「老闆和上司們在說謊」。得出這項理論後，不難發現一個理由，大多數的老闆挑長相，除了每天賞心悅目外，還有可能藉此吃到豆腐，總比你每天面對一位極醜面貌的人（不好意思，陳述老闆們的心態）對你做口頭報告，就算哪天心血來潮也不可能出現賽貂蟬的戲碼。

不過相貌平凡的人也不要灰心，等你們熬出頭外，就把這樣的陋習改掉吧！但不要換了位置就換了腦袋，讓自己也沉淪去當個千古罪人的幫凶之一。

上司不吃軟不吃硬只吃關係這一套

雖然這段話對很多人來說是廢話中的廢話，是因爲從小耳濡目染長輩們的做事風格下，自然而然就會學到打架要靠人多、打官司看錢多、吃飯要比誰多的技倆，就連現在的人都覺得到公司做毛遂自薦是一件困難的事，還要麻煩爸爸媽媽拉下老臉到親戚鄰居家千拜託萬拜託的，無一不是爲求子女有個穩定工作，然後不一定要拿錢回來只求孩子自己可以溫飽的薪水。雖然說父母這些舉動可說是驚天地泣鬼神，但就是因爲有這些父母把子女當成花朵來照料，搞的現在媽寶爸寶一堆，有的人都十幾二十幾歲了還動不動就掉淚，遇到不如意的事就逃避現實……

但是，說了那麼多，卻掩蓋不了一個鐵一般的事實：職場上的事情靠關係還比較快，絕對比沒關係的人操到要死要活還不見得能升官加薪，有關係的人卻只要跟上司聊一下話，隔天升遷加薪樣樣來，旁觀者只能越看越氣也只能感嘆自己爲什麼沒有這種父母呢？

員工想什麼，老闆都知道

身爲小職員，最難過的時間不是處理公事，而是老闆在公司裡四處閒晃著，然後打著微服出巡的口號，其實是遏止員工別打偷懶的歪主意。尤其是當他開誠布公的說要出差幾天，其實早已經佈好眼線，不然就是會安排幾個信得過的主管留守下來，才不至於前腳一出員工就大喊「老闆不在家，放牛吃草啦！」。

再來就是現在最敏感的話題——「老闆我要加薪」，但是又有幾個人辦得到呢?當你帶著覺悟、孤注一擲心態準備把話攤開來講的時候，其實他就從你的表情和身上分泌出一種視死如歸的氣味上得知，就在你還沒開口建立籌碼，他已經先評估等等是否談薪留人還是談心放人，員工往往都是輸家。

職場養牲畜，為的是製造彼此互揭傷疤的機會

在公司上班不免都會聽到同事之間對立的事情，而且還會你一言我一語的輪流把不法的事情報告給上司知道，但是他們卻不裁掉其中一人來阻止這場鬧劇，而讓公司的氛圍持續這樣下去呢？

這裡頭就有很大的學問了！老闆和上司們一定知道職員與職員之間的不合，但是他們卻故意讓你們去吵去互揭對方的不是，然後雙方都會因此受到懲罰，重點還不讓你們知道對方也受罰，就是要藉此機會讓你加深對立情節來監督彼此，爾後上司們只要坐享其成也不用浪費時間來監視你們，因爲你們雙方也在蒐集對方鬆懈犯錯的事證來告發，所謂勞方與勞方在鬥智，卻不知道是資方搞的鬼。

所以說穿了，難道這樣的職場不就像一個柵欄裡養了雞和鴨一樣，彼此都在防對方吃了自己飼料還是踩了自己的蛋，只有聰明的農場主人坐在搖椅上，翹著二郎腿看著報紙喝杯奶茶，就任由牠們去鬧吧！反正我有蛋可以收成就好了。

為什麼上司們都愛烙狠話

「管理就是讓人們按照你的期望行事，而恐懼正是達成這個目標最有效的手段之一。」一句話就已道破這個主題。

但還是要用小故事告訴大家：

小王在公司裡算是一個中規中距的小職員，但是偶爾還是會出點差錯，雖然這個小差錯不會造成公司多少損失，但是他的直屬上司是個有潔癖的人，他不容許屬下一而再，再而三的犯下同樣的錯誤，損失不重要，機會教育才是真的。

所以那位有潔癖的上司在同樣的工作中，特別追加了一個備忘錄，直接挑明的說這次貨品特別昂貴，可能是小王只穿一條內褲省吃儉用八輩子都買不起的東西，還標注誰出錯誰就要負責這句話。當然，最後的成果是換來甜美的果實……

上司偶爾這樣做也沒錯！就是要先讓你知道出包的時候會造成多大的損失，然後收到訊息的人只能戰戰兢兢完成這件事。但是當完成的時候才知道其實這根本不嚴重，只是上司想讓錯誤率降低一點的手段之一而已。

加倍奉還法則：

我做過許多職業，見過的人也頗複雜，但是我會站在上司角度來審視自己，這樣才知道接下來要出什麼招反擊。所以這套方法可以避免老闆一眼看穿你想做什麼，而達到你所想要的目地，屢試不爽啊！

30. 誰說對資本主義下的加倍奉還只是個口號而已？

會說這種話的人，我想一定是個只會看日本片的混帳主管！如果說這情節發生在日本的話，就連作者池井戶潤都斷定不可能成功。但是這個定律在台灣是完全行不通的，原因不是別的，就是因爲勞資雙方意識型態的抬頭，而造成這個的主因，不外乎的就是台灣很「博愛」！

博愛講難聽一點的意思就是「喪權辱國都不在乎」，只要是外國的東西就是好的，外國的月亮是最圓的，只要任何國外可以辦到的事情，絕對會在台灣各大媒體或是鄉民討論區放大來處理。就這樣間接的讓民眾的民主超越了古今中外，開始比照外國人的週休二日，勞工法修改的更加人性化合理化，最後一定會進步到資方不敢對勞方佔太多便宜，不然就是告死你，讓你下跪一萬次還是天價賠償都無動於衷，只爲了對你百萬倍奉還。

但我這種解釋絕不會讓保守派的主管們認同，他們一致認爲在職場上直接跟主管頂嘴，或者當著主管的面質疑他的過錯，根本不可能發生，就算有也是對方被狂犬病的瘋狗咬過，不然絕對不會做出這種自殺式的飛蛾撲火。

確實，短期之內這些上司主管還是可以高高在上，但是別忘了「半澤直樹」的效應已經在多數職場人士心中慢慢發酵醞釀中，只要後面再多拍類似這種職場對抗上司的戲碼出現，那岌岌可危的就是那些不把員工當寶的血汗工廠老闆們。

日本勞方率先進攻？

聰明的日本資方們也意會到這種危機會這樣爆發，所以就在之前日本熱播的「派遣員的品格（台譯：派遣女王）註＊」原本打算推出續集，也因為大財團的壓力下而中止計畫。

但是隨後跟上的半澤直樹又再度熱播的情況下，一向善於粉飾太平的日本資方也開始緊張了，因為接二連三的鼓吹資方長期泯滅良心的壓榨，就好像已經被小石頭擊碎一角玻璃般，那蜘蛛網狀的裂痕只會越來越大，卻什麼也沒辦法補救，除非你換新的一塊（新的遊戲規則）來運作，不然這種專制高高在上的行為，絕對會有瓦解的一天。

反之台灣的資方還在睡大頭覺，以為跟著政府高官們套好招，就可以為虎作倀視基層勞工如糞土般，殊不知道哪天官逼民反死的是誰，政府和這些大財團老闆們再這樣一意孤行下去，這些口號最後會成真的！

長期偏向一方終致玩火自焚

貧富差距因為太大，所以民眾們有感。然後又爆發黑心產品事件，一個個猶如雨後春筍的爭相冒出頭，像是在趕熱鬧的祭典一樣。但是資本主義社會造就下的法官們，只會按表操課照著SOP來劃清標準，然後讓大家看得到罰款卻不知道那些錢最後是進到哪裡?是進到一堆政客上嗎?我想答案呼之欲出。

因爲如此，我們勞方對資方的不信任都是這些看完就肚爛的負面新聞所害的，原本全球經濟不景氣加上氣侯變遷而影響到民生物資的價格，是大家共體時艱來度過這個困境，但卻是換來一面倒的攻擊資方不加薪、愛搞責任制、隨意資遣，變成大家口中加倍奉還、百倍奉還的不二人選之一。

然後這把莫名的火，就慢慢從小老百姓的心中燒了出來，最後會是誰燒傷我的確不知道，但有一點可以屏息以待的是，就是踩到大家心中最後界線的那位始作俑者快要出現了。

最後低頭的不是我（勞方），而是你（資方）

看到這世代的年輕人都寧願跑澳洲遊學，目地當然不是去看什麼無尾熊，而是去當台勞，爲什麼呢？

薪水換算那邊的高物資，但結果還是比台灣人做五年的白領階級還多，而且還可以學外語，順便趁這個機會看看那迷人的環境，有何不可？有機會的話誰都想去。

到時候就是台灣的公司開始找不到人來上班，因爲薪資水平不符合勞力的要求，該倒閉的倒閉，該關的該撤廠無一倖免。然後就像鄰國菲律賓一樣，靠著國人到外國賺外快來降低失業率，這難道不是本末倒置的做法嗎？

雖然我不想樂見這個畫面出現，但現今又如何呢？選我當總統嗎？（大笑）

加倍奉還法則：

一個便當吃不飽可以吃兩個，但是一份薪水不夠可以領兩份嗎？如果社會上的老闆們能夠這樣逆向思考的話，就不會出現這麼多認同《半澤直樹》做法的

人了。不然以那動不動就要陷害對方才能更上一層樓的劇情橋段，對我們這些只想溫飽的平民百性來說，好像是個有一點點不切實際的美夢，那還遠不如在便當裡多加顆茶葉蛋還來的實在一些。

註＊這劇情剛好也是在談論日本陷入經濟泡沫化的社會裡，財大氣粗的大公司為了減少開銷、人事成本、資遣費、退休金等等，大量聘請派遣員（時薪工讀生）來公司，但是以日本高消費高物價來計算，一個月的薪水往往是不夠用的，也因為這樣扼殺了許多有能力卻付不出生活開銷的人，用自殺來對這個社會表示不滿。

結語

看完《半澤直樹》後其實我就在想著，惡人們爲什麼總是會沾到一股銅臭味，而讓主角有辦法抽絲剝繭的將他們逼進死胡同……果然還是戲劇中違反常理的橋段特別惹人喜愛吧？

雖然是題外話，但我自己也很慶幸能夠寫出這本給職場奮鬥的人們參考看看，裡面都是我自己所經歷的事、碰過的人、見識過的利與弊……

有天跟以前的同事吃飯聊天，然後聊到現在很紅的這部片子，他也用他的想法跟我解釋著，大約是在說以現在的職場生態來看，要不要讓惡上司惡同事下跪道歉，好像不是大家很在意的事情，而是在想著「你不如給我錢比較實在」的看法，這種比較貼近他這種拼死拼活養二個孩子爸爸會說的話，但他最後也補充了一句：「這也是做了才改變的吧？（他的意思應該指明知這部片拍了會有爭議，但是導演還是拍了。）」確實是一針見血的答案。

未來改變職場的人，不就是我們現在拼死拼活工作的人嗎？大家一直高喊著許多爲基層勞工謀福利的想法一直未果，難道只能去抗議陳情，用嘴巴說說當放屁，還是拿著刀逼著大老闆們放出這些福利嗎？我想這些都不是辦法，所以我選擇改變，去用我認爲加倍奉還的方式來爭取像樣的回報！

▶ 聽我靠腰—職場30件潛規則 （讀品讀者回函卡）

■ 謝謝您購買本書，請詳細填寫本卡各欄後寄回，我們每月將抽選一百名回函讀者寄出精美禮物，並享有生日當月購書優惠！
想知道更多更即時的消息，請搜尋"永續圖書粉絲團"

■ 您也可以使用傳真或是掃描圖檔寄回公司信箱，謝謝。
傳真電話：（02）8647-3660　　信箱：yungjiuh@ms45.hinet.net

◆ 姓名：　　　□男　□女　　□單身　□已婚

◆ 生日：　　　□非會員　　□已是會員

◆ E-Mail：　　　電話：（　）

◆ 地址：

◆ 學歷：□高中及以下　□專科或大學　□研究所以上　□其他

◆ 職業：□學生　□資訊　□製造　□行銷　□服務　□金融
□傳播　□公教　□軍警　□自由　□家管　□其他

◆ 閱讀嗜好：□兩性　□心理　□勵志　□傳記　□文學　□健康
□財經　□企管　□行銷　□休閒　□小說　□其他

◆ 您平均一年購書：□ 5本以下　□ 6～10本　□ 11～20本
□ 21～30本以下　□ 30本以上

◆ 購買此書的金額：

◆ 購自：　　　市(縣)
□連鎖書店　□一般書局　□量販店　□超商　□書展
□郵購　□網路訂購　□其他

◆ 您購買此書的原因：□書名　□作者　□內容　□封面
□版面設計　□其他

◆ 建議改進：□內容　□封面　□版面設計　□其他
您的建議：

剪下後傳真、掃描或寄回至「22103新北市汐止區大同路三段194號9樓之1讀品文化收」

廣 告 回 信
基隆郵局登記證
基隆廣字第 55 號

221-03

新北市汐止區大同路三段 194 號 9 樓之 1

讀品文化事業有限公司　收

電話/(02)8647-3663　傳真/(02)8647-3660

劃撥帳號/18669219　永續圖書有限公司

請沿此虛線對折免貼郵票或以傳真、掃描方式寄回本公司，謝謝！

讀好書品嘗人生的美味

聽我靠腰—職場30件潛規則